问道与
闻道

高质量科普的
实战方法与技巧

王大鹏 —— 著

 湖南科学技术出版社 ·长沙

国家一级出版社 全国百佳图书出版单位

序 一
XUYI

•••　我们需要科学指导下的科普实践

在 2020 年举办的第二十七届全国科普理论研讨会上，我应邀做了一个主旨报告。在报告中，我总结了当前科研人员做科普存在的"四不"窘态，即"不愿、不屑、不敢、不擅长"，同时我认为前三者是认识问题，而后者则是能力问题。

当然，如果认识上的问题解决了，那么科普能力的提升问题也就自然而然地摆在了重要的位置。但是，现实情况下，并不是每个科研人员都天然地具有做好科普工作的技能，而这种技能是可以习得和培养的。对此，也有研究人员在系列观察和调研的基础上提出，对于从事科研和即将参与科研的人员开展科普方面的技能培训是具有很大的必要性的。

而要开展这方面的培训，则需要有相应的教材或者说参考资料，大鹏同志的这本《问道与闻道：高质量科普的实战方法与技巧》一书应该是对此的一次探索性尝试。

从这本书的名字来看，它也是对于"科普是小儿科"以及"做不好科研才去做科普"的这种刻板印象的一种反讽。在一些人看来，做好科普很容易，甚至认为做科普是"不务正业"的一种行为，但是我们自身的科普经历告诉我们，科普不简单，也不容易。科普的本质是人文的，要讲好科学的故事，使科学和人文结合并不是每个人都能轻易做到。

虽然科普更重要的是一种实践，它需要行动，但同时，科普也需要有一定的理论指导，从而实现从理论到实践再到理论的闭环。而大鹏的这本新书在一定程度上恰好做到了二者的有效衔接，它没有沉溺在纯理论的探索之中，而是把理论贯穿到了具体的科普实践之中，同时也是对科普实践的"旁观"之后所形成的一些观点和看法。

《关于新时代进一步加强科学技术普及工作的意见》提出要"开展科普理论和实践研究"，当然研究的目的是要指导具体工作，因而研究就不能过于"形而上"，而要接地气，也就是要从科普工作者的具体实践需求出发，用该领域的研究成果指导科普工作的高效开展。

我曾经在一些报告的场合主张："科普创作者和生产者不该忘记科普本身就是一种教育。如果把科学传播理解为知识的灌输，那将是十分狭隘的。科普的任务不仅仅是给大众传播科学的常识，更重要的是传播科学精神。同时科普唯有以人为本，寓教于乐，勿忘真、善、美，才能发挥最大的教育功能。"而要做到这一点，那就需要有一定方法论的指导。

当然，如何做好科普并不存在一定之规，但是从研究的视角对科普实践进行考察，并总结梳理成一部相关的著作，应该是这个领域的研究人员重点关注的，也是值得肯定和支持的，而大鹏同志在这方面开展了不少的工作，也偶有一些能够得到科普工作者认同的观点，这不仅有利于科普理论的发展，同时也能够进一步推动科普实践的前进。

科普不是科研工作者的主业，但是社会非常需要科研工作者做科普，不过这句话应该面向的是科研工作者群体。同时对于参与科普的科研人员来说，我们也提倡要把科研做成科普，同时把科普做成科研，从而也形成科研与科普之间的闭环。

大鹏这本书可以成为科研工作者开展科普的参考图书，因为它并不是打算给科研工作者讲述科普相关的理论，而是在必要的时候结合一些理论去阐述如何让科普这项工作更科学、更有效，也就是用科学研究的相关成果来指导科普工作。借用书里的一句话来说就是，"科学传播一定是关于科学的传播，对科学进行的传播，传播的是科学，同时也要用科学的方法进行传播。"

我认为，要让科技人员充分发挥科普主力军作用，守好科普主阵地，需要综合施策，而提升科普能力则应该是这些综合措施中的一个重要组成部分，科普能力的提升或者说科普实践的高效发展也需要有科学方法的指导，对此，大鹏用这本书给出了自己的看法。

中国科学院院士

中国科学院古脊椎动物与古人类研究所研究员

中国科普作家协会理事长

···· 用科学方法做好科普

不久前，大鹏联系我，说他的一本新书即将出版，特意嘱我作序谈谈想法，我欣然应允。大鹏说我是他的科普领路人，此言非虚，毕竟他是我到中国科普研究所工作时刚入职的"新兵蛋子"。虽然他本科和研究生所学的专业与科普本身相关性并不强，但是这些年来，他自己下了不少工夫，恶补科学史和传播学方面的知识，而且也不断地有新的科普作品问世，可见"一万小时定律"还是有效果的。

科普是一项专业化很强的事情，做好科普需要有一定的理论支撑和方法论指导，因而就有必要做好科普的专业化建设。《关于新时代进一步加强科学技术普及工作的意见》明确要求，"学校要加强科学教育，不断提升师生科学素质，积极组织并支持师生开展丰富多彩的科普活动。""广泛开展科普能力培训，依托高等学校、科研院所、科普场馆等加强对科普专业人才的培养和使用，推进科普智库建设。"《全民科学素质行动规划纲要（2021—2035 年）》提出，"建立高校科普人才培养联盟，加大高层次科普专门人才培养力度，推动设立科普专业。"同时，《中共中央 国务院关于弘扬教育家精神加强新时代高素质专业化教师队伍建设的意见》也提出，"师范院校普遍建立数学、科技、工程类教育中心，加强师范生科技史教育，提高科普传播能力。"这也就要求从专业的角度来看待科普，推动科普成为一个专业。

而要让科普成为一个专业，就必然需要有一些可以参考的教材，操作手册，指南，等等。大鹏即将出版的这本书应该可以在这方面发挥很好的作用。因为它的目标受众是已经奋战在科普一线但希望能更加有所精进的科普从业者，以及意欲从事科普工作但有些不得法的"新人"。

习近平总书记指出："科技创新、科学普及是实现创新发展的两翼，要把科学普及放在与科技创新同等重要的位置。没有全民科学素质普遍提高，就难以建立起宏大的高素质创新大军，难以实现科技成果快速转化。"这一重要指示是新发展阶段科普和科学素质建设高质量发展的根本遵循。

落实好"科学普及与科技创新同等重要"的要求，不仅需要有丰富的科普实践，也需要在研究层面进行深入探索。从实践中总结出可复制可推广的模式和方法，同时用这些模式和方法去指导更加丰富多彩的实践，这在某种意义上说也是把科研做成科普和把科普做成科研的并驾齐驱。一方面，我们需要将科研成果和科技创新成果用科普的方式传播给广大公众，让公众理解科学，进而对科学形成理性的认知；另外一方面，我们也需要用做科研的态度来对待科普，扎实地开展研究，形成一定的学术成果。

纵观全书，大鹏分三个部分论述了科普相关的问题，包括基本理念，变与化，以及科普方法，可以说这是从宏观到中观再到微观的研究方式，最终把落脚点放在了做好科普的方式与方法上，而这也是大鹏近几年一直关注的方向。当然，从纯学术研究的角度来说，这本书在第一部分还有待进一步提升，如果后续有可能，建议可以进一步厘清科普与科学传播这两个近 20 年来在学术界一直"纠缠"的术语之异同，从"道"的层面上做一些深入的分析和探讨。

当然，作为一本科普人员如何开展科普的"手册"，这本书有许多可圈可点的地方，也是值得科普从业者用一点时间去阅读、学习和实践的。正如大鹏在书中所言，科普（科学传播）一定是关于科学的传播，对科学进行的传播，传播的是科学，同时也要用科学的方法进行传播。希望这本书的出版能够为包括科研人员在内的科普从业者做好科普提供一些思路和见解。

自从走上科普研究之路，我就想着写一本关于科普的科普书，可是一直没能如愿，今天大鹏这本书的出版也算是实现了我的愿望。虽然离开科普所已多年，但是我一直关注着各位同事的发展，看到我们一起奋斗过的中国科普研究所的各位同仁不断成长进步，我感到很欣慰，也期待中国科普研究所这个大平台产生更多的科研成果，推动科普理论、实践、政策和国际比较研究再上新台阶。

中国科技新闻学会副理事长、二级教授

中国科普研究所原所长

中国科普作家协会原副理事长

··· 对科研与科普的一次探查

在中国科普事业蓬勃发展的当下，能够翻阅《问道与闻道：高质量科普的实战方法与技巧》一书，实属一种激励和启发。这本书不仅展示了科普在科学和公众之间搭建桥梁的深远意义，更为我们如何更有效地开展科普工作提供了系统性的理论支持和实践方法。特别是针对中国科学传播的背景和现状，书中独到的见解进一步丰富了我们的科普视角。

本书在科学传播领域内具有一定的独到之处，在一定程度上可以为当前科学传播的多个方面提供理论指导。本书作者，也是我的多年好友王大鹏老师以其长期深入的科学传播研究经验和对科普工作的深刻理解，撰写出这样一本内容翔实、观点前沿、既有实操技巧又奠基于诸多理论研究基础上的科普著作。从科普与科研之间的关系，到如何通过科学传播增进公众对科学的理解和信任，大鹏为我们描绘了一幅科普工作的清晰蓝图。书中的每一章、每一节不仅反映了作者对科普事业的执着追求，也展现了其严谨的学术精神和对公众理解科学的关切。

中国科普研究所独特的平台优势，再加上大鹏多年来一直以观察者的视角关注科普事业，这使得他对科普的概念、实践方法以及在中国语境下的特殊挑战有了相对深刻的认识。正是因为他具备多年的科学传播实践经历与理论积淀，才能将这样一部兼具理论性与实践性的作品呈现给广大读者。对于中国的科普工作者而言，这本书不仅是一本重要的工具书，更是提升公众科学素养的重要资源。

展望未来，期待我们的科普工作能够有更大的进展。推动科研工作者从事科普，是科普事业蓬勃发展的根本。科学家是科学传播的第一发球手，此言一点都不夸张。在《中华人民共和国科学技术普及法》修订过程中，各方面的共识是要在制度上激励科研工作者积极从事科普。但我本人以及我与大鹏的研究都表明，制度激励固然重要，但科研工作者熟知科普路径、掌握科普技能、强化科普认知同样重要。在这个意义上，本书可以在一定程度上为中国的科普事业添加非常重要的燃料。通过系统梳理科学传播的理论基础和方法论，大鹏为我们提供了深入的思考角度，特别是在当下信息爆炸、公众对科学态度多元化的背景下，这本书有助于促进科学家、媒体和公众之间的沟通，进一步推动科学知识在社会的传播。这不仅能够提升全民科学素养，更能有效推动科技创新与社会发展的有机结合。

当然，作为一部学术性与普及性兼具的作品，本书难免存在一些不足之处。例如，书中关于具体案例的深度挖掘可以更为详尽，特别是在科普实践过程中遇到的实际困难与解决方法上，或许可以提供更为细致的操作指导。此外，某些理论框架的引用虽然详尽，但在与中国本土实际的结合上还可以进一步加强，以更好地服务于不同层次的读者需求。

综上所述，《问道与闻道：高质量科普的实战方法与技巧》无疑是一本具有广泛实用价值和理论启发的科普著作。相信它的出版将为科普工作的高质量发展带来新的契机，也为所有热爱科普、投身科普工作的人提供宝贵的参考。相信与我一样的科普专业人士，包括大鹏本人，都会在这本书的基础上继续深耕，持续发力，努力推动科普工作的理论研究与实践探索的有机结合。也相信这本书将是这一类图书的一个促发点，引导业界撰写、出版更多此类图书，丰富科研到科普的每一个环节。

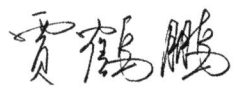

苏州大学教授

苏州大学科技传播研究中心副主任

··· 理论著新篇　锐意破迷烟

王大鹏是我见过的非常勤奋的青年科普理论研究学者，这不，他刚送我他主编的《愿景与门道：40位科普人的心语》和新出版的文集《谈科与论普——科普人"出圈"手册》，又发给我《问道与闻道——高质量科普的实战方法与技巧》(以下简称《问道与闻道》)电子书稿，让我给这部即将在湖南科学技术出版社出版的新著写个导读，着实让我惊讶不已。

大鹏是中国科普研究所副研究员，从事科普工作已十余年，坚持撰写科普评论并对科普理论、方法和经验等进行总结和提炼，已经成为他的一种工作习惯。而今细细数来，他已经在各种媒体平台上发表科普评论文章300余篇，赢得了业界的关注和好评。厚积而薄发，《问道与闻道》是大鹏出版的第一部个人专著，在我看来，他至少在以下四个方面对科普理论研究给出了一个青年研究人员的初步答案。

一是高度重视普通民众关心的科普现实问题。从事科普工作，首先要了解普通民众关心什么，需要什么？只有明晓了这些问题，科普工作才能真正做到有的放矢，才能达到期望的效果。《问道与闻道》前三章就是在讨论和回答公众关心的那些热点问题。第一章"从科学大众化开始"，就结合前人的研究成果向大众介绍了"科普一词的起源"，并通过"科普"的演进历史，诠释了"科普""公众理解科学"和"科学传播"之间的传承关系和相互之间的辨识。从早期为填补公众科技知识空白而诞生的传统科普阶段，到逐渐意识到公众对科学的理解和对科学的态度重要性的阶段，再到如今强调公众与科学家深度互动、构建信任基石的科学传播新时代，我们清晰地目睹了科普如同一棵茁壮成长的大树，在时代的风雨洗礼中，不断拓展枝叶，积极适应社会的变迁。

在这个问题上，大鹏引用刘兵教授的观点，认为科学大众化"每次范式的变迁都是受到特定问题的驱使，比如传统科普阶段的知识缺失，公众理解科学阶段的态度缺失，以及科学传播阶段的信任缺失"。因此，"科普、公众理解科学、科学传播的区别并非历史的或是层次的，三者只是侧重不同，无论传统科普还是现代科普，其本质都是科学大众化的实践活动，只不过内容发生了变化。"

说到什么是我们现在讲得最多的"科学传播"，大鹏认为这个问题非常重要，"只有搞懂了这个问题，才能更好地让开展科学传播以及让传播产生预期的效果，或者说设计出科学传播活动，否则就是'名不正，言不顺'，就有可能出现很多'假汝而行'的非科学和不科学。"为此，在第二章里，大鹏从"有关科学传播的一些定义"和"国内学者们的视角"两个维度，做了通俗而又详尽的理论阐述。当然，对这个十分与时俱进的有关科普基本概念的问题，谦逊且睿智的大鹏最后给出了一个进退自如的回答："这个问题的解决并非本书之本意，更非本书作者之能力所及。当然，我们期待有更多的学者对此进行深入的探索。"

至于"科普有什么用"，这个在谈论科普时不可能绕开但又十分功利的问题，如同"人为什么要活着"的问题一样，看似简单，其实并不好回答。对此，大鹏自有高招，他把这一个问题拆解成三个问题，从"科普对科学家有什么好处"和"科普对科学界有什么好处"以及"科普对普通公众有什么好处"三个方面发表了自己的高见。实际上，在第一章里，大鹏已经回答过了这个问题："我们对科学的了解在很大程度上是通过科普的方式，比如阅读科普图书和文章，刷科普视频等。另外一方面，懂一些科学至少可以降低我们被骗的概率，因为你可以明白哪些并不是真正意义上的'科普'，而是假借科普的名义在传播非科学和伪科学。"

二是准确聚焦专家学者困惑的相关理论问题。 专家学者困惑的问题往往是重大的理论问题，同时也是十分尖锐的无法回避的问题。回答这些问题既要学术上的探索勇气，又要理论上的自信根底。比如第四章讨论"到底谁应该做科普"，这个问题实际上至少涉及如下三个大的问题：谁应该来做科普？谁有资格做科普？谁有能力做科普？不把这些问题回答清楚，应该做科普的人，可能就不去做科普，或是不屑于做科普；想做科普的人，可能又不敢去做科普，或是顾虑重重地做科普；一些热情高涨做科普的人，又有可能做不好科普；科普做得很好的人，很可能又得不到应有的尊重和肯定；更有一些浑水摸鱼者，假科普之名行骗财之道……从这点看来，大鹏可谓目光如炬，直照科普前行路上的顽石、荆棘，《问道与闻道》的相关理论阐述，如同清除这些顽石、荆棘的开山辟路之斧，力图为科普工作者打通前行探索和实践的道路。

大鹏的研究表明，"一大批与科学相关的从业者，包括科学家和研究人员，科学记者，接受过科学训练的但并未从事科研工作的人，都在积极地利用各种平台和渠道进行着科普活动"，并由此构成了科普的"共同体"。在这个"共同体"里，科学家因"处于科学研究的最前沿……可以最大限度避免科学知识在传播过程中出现差错，保证科普的正确性"。与此同时，科学家不仅是科学知识的创造者，更是科学精神的传承者和传播者；因此，他们是科普的"第一发球手"，是不可或缺的"重要力量"。

但是，大鹏接着指出，"科研做得好不等于科普做得好"（第五章）。这个问题很扎心，估计一些知名学者、院士大家看了会很不开心。大鹏用翔实的调查数据，为自己的观点找到了依据：有至少三分之一的科学家"不了解媒体传播技巧，不知道怎么开展科普"。因为"科普不是猜谜游戏，而是一种科学，是一种技能。既然是一种技能，那么它就是可以习得的，是可以传授的，也是可以通过锻炼得到提升的。"正是基于这样的认识，大鹏认为，即使是"科研做得好"的科学家，也需要参加相关的科普培训，以提高他们的科普技能。由此又引出了"科普人员为何需要培训？"

"科普人员需要哪些方面的培训？"等问题。

我们现在常常把那些信口开河的专家叫作"砖家"，他们给民众传播的知识不仅不能让民众受益，还经常像"砖头"一样会"伤害"民众。为什么会出现这种情况？第七章"科学传播，信任在先"着重讨论了这个问题。大鹏的观点十分鲜明，科普离不开信任。他进一步解释，"人们对科学信息采取行动的意愿会受到信任的影响。信任对于人们对科学的认知以及他们解读科学信息的方式都是十分重要的，如果目标受众信任传递信息的人，那么，他们也会自然地信任信息传递者所传递的信息；而如果在传播的过程中使用了受众并不使用或不理解的词语，那实际上就是在传者与受者之间构筑起了'藩篱'，制造出了'距离感'。如此一来，联系的建立和信任的构建就会出现问题。"为此，大鹏呼吁："重塑信任，推动科普良性发展"。

三是认真回答科普人员待解的疑难实践问题。普通科普人员在从事具体科普实践工作中，常常会有很多的问题和困惑，需要科普理论工作者指点迷津、指路引航。大鹏在成为一名越来越知名的科普学者之前，经历过从科普的外行到内行，从科普的实践者到理论研究者的艰辛过程，因而非常了解一线科普人员的问题所在和理论诉求。《问道与闻道》直面这些问题，积极回应这些诉求，第七章"你的受众是谁"重点讨论的问题就是，"科普到底是面向谁开展的，也就是科普的目标对象"究竟是谁？只有把这个问题搞清楚了，科普人员才能真正做到因人施普、有的放矢。

大鹏认为，科普的对象不仅是普罗大众，"当然也包括科学家，因为有研究表明，科学家也是通过科普的渠道获取与科学相关的信息的。"这样一延伸，实际上，"所有人都是科普的受众"，"又或者说大众和公众就是科普的目标对象"。但是，"大众"是一个含糊的概念，"从传播学的角度来说，大众是不存在的，我们面临的是分众"，因此，必须对"大众"进行拆分，拆解成"类聚"的一个个有着共性的群体。大鹏由此强调，"只有尊重和了解读者的每一个认知习惯、知识结构、知识层级，他处在什么样的认知地位，你才有可能'对症下药'。"因此，认识到了"受众的多样化"，才能有意识地做到科普形式的多样化。

"为什么传播科学是'困难的'?"回答好这个问题，一方面可让人们知道科普并不是一件轻松的事情，更不是什么"小儿科"，科普也是一门学问，从事科普工作也要设定"门槛"。这既可消弭一部分人对科普工作不屑一顾的误解，也可打消另一部分人认为'人人都可以做科普'的荒唐想法。另一方面也能让科普从业人员了解科普事业的艰巨性、复杂性，从而增强挑战意识、拼搏意识，以及责任感和使命感。在第九章里，大鹏对这个问题有着详尽的阐述，其中关于科学知识有时像巫师的"咒语"和土匪的"黑话"一样难以理解，以及科学的"不确定性"使得科研人员从事科普工作处于"四不窘态"的论述，既新颖又有趣。

第十五章讲述了"如何写一篇精彩的科普文章"。对从事科普工作的每一个人来说，这个问题既重要又实用，非常讨喜。我以为，科普实际上就是一种表达，通过语言、文字、视频以及各种各样的媒体去通俗易懂地表达，继而向公众诠释、传播艰涩的科技知识。文字自然是最常用、最有效的表达形式之一，"写一篇精彩的科普文章"由此变得既重要又实用。

大鹏在这方面可谓心得多多、体会深深，他以把一篇科研论文写成科普文章为例，介绍了"倒金字塔结构"手法、"隐喻的使用"技巧，以及基于王亚男老师的报告而改写的"科普写作的'三三制'"模式等创作经验，让读者收获满满。以"科普写作的'三三制'"为例，好选题恰似一块硕大的磁石，能够紧贴社会热点和公众关切话题，如同一颗璀璨夺目的星星在浩瀚的知识海洋熠熠生辉，瞬间引发读者的好奇心和阅读欲。好标题则如科普文章的明亮眼睛，简洁明快且富有创意和诗意，恰似一扇通透的窗户能够马上吸引读者的目光。好写法如同科普文章的坚实骨架和丰满血肉，结构布局科学清晰，内在逻辑严谨流畅，文章内容丰富有趣，文字叙述行云流水，读者在赏心悦目中尽情享受知识的盛宴，陶醉其中，流连忘返。

　　四是努力探索科普理论前沿的重大争鸣问题。 科学研究重在直抵前沿、独立思考、勇于争鸣。第十二章"当错误信息需要修正时"，第十三章"科普也有伦理问题吗"，以及第二十章"走向科学的科学传播"等篇章，就是这样一些"直抵前沿、独立思考、勇于争鸣"的问题，大鹏由此进行了勇敢、坚毅的探索，通过多元视角全面洞察，通过拨云见日正本清源。

　　"迷信""伪科学""科学谣言""科学流言"……这些都是科学传播过程的重大"禁忌"，由此产生了"破除迷信""抵制伪科学""科学辟谣""让流言止于智者"等正能量的说法。但是，"迷信"是如何产生的，"伪科学"为什么能够存在，"科学谣言"为什么还有人相信，"科学流言"为什么能够大行其道……这些问题如果不从理论上阐述清楚，就很难谈得上"破除迷信""抵制伪科学""科学辟谣""让流言止于智者"……我认为，大鹏在这方面的探究颇有新意，颇有创见，颇有指导意义。

　　科普的伦理问题是一个有着超前意识的问题，也是一个很现实的问题，它与科技伦理问题相生相伴。"科学家是不是应该承担科普的责任和使命""人们可以无知吗""知识越多必然越好吗""错误的科普与不科普哪个更好"……这些问题都与科普伦理有关，破解这些问题可以帮助我们把握好科普的"度"，拿捏好科普的"尺"。科学的不确定性，以及科学的与时俱进，有些今天的"迷信"和"伪科学"，很有可能就是明天的"真理"和"真科学"，哥白尼当年提出的"日心说"，不就一度被认为是"伪科学"吗？"科学谣言"更是一个含糊不清的概念，我以为，这也是"科学辟谣"这个词为什么会引起那么多争议的重要原因。大鹏在这几章里做了可贵的探索，但我认为还远远不够，期待他在下一部著作里能有更深刻的见解和更有说服力的论述。

　　科学研究无止境，人类探索自然和社会奥秘的步伐也永远不会停歇，从这个意义上说，只有"走向与时俱进的科学传播"，永远也不可能有"走向科学的科学传播"。当然，诚如在第二十章中所叙，在科学传播的过程中，我们要坚持"以科学为基础"，要明晓科普的"有限目标与终极目的"，要掌握科普的"科学方法"。"正所谓，'取乎其上，得乎其中；取乎其中，得乎其下；取乎其下，则无所得矣。"

《问道与闻道》是一部科普"科普"的优秀科普理论著作，正因为主题贯穿"科普"二字，因而全书语言生动、文字流畅、内容有趣、举例诙谐、理论通俗，充满智慧。有感于斯，谨填《水调歌头》词一首，以表褒赞、举荐之情怀。

科普觅佳境，理论著新篇。大鹏展翅腾起，勤勉志弥坚。紧扣同行提问，勇探专家疑窦，实践贵精研。众惑仗君解，开路敢争先。

浪思涌，笔似剑，意如源。拓疆探域，锐意争鸣破迷烟。且看文辞流韵，更喜理通词畅，佳作引航船。学界添华彩，声誉沁学园。

注：苏青，博士，研究员，国务院政府特殊津贴专家，全国新闻出版行业领军人才，现任中国青少年科技教育工作者协会副理事长兼科学传播工作委员会主任，曾任科学普及出版社社长、中国科学技术馆党委书记等职。

C 目　录
ONTENTS

第 01 章

从科学大众化开始

你说的黑不是黑，你说的白是什么白？

——《你是我的眼》

· · ·

让我们从作者经历的一则轶事开始这本书的旅程吧。

几年前一个夏天的某个周末下午，我在小区公园的篮球场打球，其间休息时，一个球友跟我闲谈起来。

"你是做什么工作的？"

"我在研究所上班。"

"研究导弹还是原子弹啊？"

"不是的，我们做的是科学传播研究。"

"科学传播？不懂，但很高大上啊！"

"说白了，就是人们经常说的科普。"

"哦，那你给我科普科普！"

"呃……这个……"

细心的你可能已经发现这里至少出现了两个问题。其一，这里提到科学传播，又说了科普，它们是一回事吗？其二，科普"科普"是什么意思？

如果读完本书可以让你对类似问题有更深入的理解，或者为你原本的科普工作带来新的灵感和思路，又或者让你动了也去做做科普的念头，那么我写这本书的初衷也算是达到了。

不过我们暂且把前面提到的这两个问题往后放一下，先说说什么是科普吧。

正所谓，"工欲善其事必先利其器"，如果你正在从事或者打算从事科普工作，那么就应该先了解一下什么是科普，或者说怎么定义科普。

当然，如果你不是从事这个行业的，你也有必要了解一下什么是科普，一方面是因为科学已经融入我们生活的各个角落，它给我们的生活带来了太多的影响，而我们对科学的了解在很大程度上是通过科普的方式，比如阅读科普图书和文章，刷科普视频，等等；另外一方面，懂一些科学至少可以降低被骗的概率，因为你可以明白哪些并不是真正意义上的"科普"，而是假借科普的名义在传播非科学和伪科学。

当然最差也可以让"科普"成为你跟别人吹牛的一种资本。

也许你听别人说过，在同一个话题上可以将人们分成三类：真牛、装牛和吹牛！

又或者我们可以把人分成四类：知道自己知道，知道自己不知道，不知道自己知道，不知道自己不知道！

那么就请各就各位！让我们来一趟"前所未有"的科普之旅吧。

在日常工作中，我们经常会看到科普和科学传播同时出现的情况，比如某个负责科普的机构，出台了有关如何做好科学传播的意见和建议；某科学传播培训班上请知名专家做科普；等等。

目前在科普上还存在着很多名词混用的现象，虽然大家所用名词的内涵大体上都是指代的同一件事情，不过也有人认为科普领域的新名词，新概念有点多。而且与其他提法相比，科普与科学传播同时在场的概率比较大，而统领这些名词的一个说法应该是科学大众化。

所以，在这个部分我们会以科学大众化的发展脉络为主线稍微分析一下不同提法的异同，以便破解一些迷思。

有组织的面向公众传播科学内容的活动始于 19 世纪下半叶，但对其进行专业的学术研究，迄今也只有 40 多年的历史。

鲍尔（Martin W. Bauer）认为用"科学素质"（传统科普）、"公众理解科学"以及"科学与社会"（科学传播）三个范式可以概括过去 25 年中，公众对科学发展的理解过程，每一个范式都联系着公众与科学之间关系的特定问题框架、特定研究问题以及优先的介入策略，并且每个阶段都比前一个阶段有"进步"。

虽然人为地对科学大众化的进程进行划分可能不是一种恰当的做法，毕竟这个发展过程跟时代发展紧密相关，同时也有科技发展、社会进步、公众意识觉醒等因素的促进作用；另外一方面，伴随着全球化、地球村、新媒体时代以及社交媒体时代的出现，这一进程明显展现出了不同的特点，使得用单一的模型对其进行概括变得愈加困难；相反，新近以来反而呈现出了多元化的视角或者模式，越来越多的学者在观察国际发展趋势的前提下聚焦于本国的研究实践和理论发展，具有本土特色的理论和实践研究开始进入国际同行的视野，因而也就有了一些本土性的提法和说法，虽然全球各个国家都在开展类似的活动和研究，不论是以什么名词术语为统领的，但是这种研究和工作一定是全球本土化（glocalizaiton）的，但是不可否认的是，科学大众化是一个递进过程。

科普一词的起源

有学者认为，"科普"是完全中国化的称谓。

从字面意义上来说，科普对应的英语翻译是 popular science、science popularization 或者 popularization of science。

实际上，在英文词汇 science communication（科学传播）出现之前，各界一直在用的都是 popular science（大众科学）这个提法。甚至在 20 世纪 90 年代联合国教科文组织发布的系列报告中，仍然采用 science popularization（即我们所称之为的科普）。同时，在 2009 年出版的一本有关欧洲地区科学大众化历史的文集中，就有多篇文章出现了上述三个英文词组，甚至这本文集的全称也是《在欧洲的外围普及科学和技术（1800—2000）》（*Popularizing Science and Technology in the European Periphery*，

1800—2000）。在彼得·J. 鲍勒（Peter J. Bowler）于 2009 年出版的《主动出击：20 世纪早期英国的科学普及》（*Science for All：the Popularization of Science in Early Twentieth-Century Britain*）一书中，虽然书名用到了"科学普及"（Popularization of Science），但是从本书的内容来看，用来指代这一行为的词汇基本上是"大众科学"（popular science）。而在拉福莱特的系列著作中，她一直用的名词术语都是"科学普及"（popularization），而很少用"大众科学"，这似乎也在一定程度上体现出了英美两个国家对待科学大众化的不同态度和进路。

石顺科指出：英文中"普及"（popularize）一词最早出现于 1797 年，1836 年首次运用于技术问题（意思是以通俗的形式讲解技术问题）。科普的提法在英文中有多种表达方式（如 popular science, science popularization, popularized science 等）。最常用的是 popular science（"大众科学"），中文的"科普"一词大概从该词转化而来……英文科普"popular science"一词的出现最迟不会晚过 1872 年，这一年尤曼斯创办了《科普月刊》，使用的就是"popular science"。

从国内来看，"科普，作为中文的专有名词，自 1950 年起，成为'中华全国科学技术普及协会'的简称。大约从 1956 年开始，'科普'作为'科学普及'的缩略语，逐渐从口头词语变为非规范的文字语词，并在 1979 年被收入《现代汉语词典》中，终于成为规范化的专有名词。"

当然，鉴于之前提到的三个范式，我们倾向于认为，每个范式实际上都代表着一个特定阶段，而在这个特定阶段，也存在着某些方面的缺失，因而需要通过一些活动或者动议来进行"补偿"。

知识缺失的传统科普阶段

20 世纪 50 年代苏联发射了人造卫星 Sputnik，这让美国政府很震惊，甚至时任美国总统艾森豪威尔都亲自下令"要查一下美国的教育制度究竟出了什么问题？"因为这颗卫星发射后，美国政府发现公众对科学知之甚少，但是美国政府认为具有文化且对科学持赞成态度的公民是为美国提供人力资本的必要因素，同时也是使美国领先苏联所必须具有的积极公众情绪的要素。

然而相关的调查显示美国公众对科学知道得太少了，与《科学美国人》（*Scientific American*）这本杂志相背离的是他们是不科学的美国人——有一本名为《科学离我们有多远》（*Unscientific America*）的书，其英文原名的直接理解应该是"不科学的美国"。

有鉴于此，美国首先开始了在科学教育体系中加强科学素养的相关内容。因为在研究人员看来，"无知的"公众在知识方面的"缺失"需要科学家去填补，这就是我们经常听说的"缺失模型"。

这个模型隐含着一种假设，"科学知识是绝对正确的知识"，公众是等待科学知识灌输的"空瓶子"，这样做的目标就是补偿公众在科学方面的缺失。通过科学普及可以向广大公众"兜售科学"，进而确保他们对科学的支持以及科学的合法性。

实际上，这是被动的填鸭式的方法，是"中心广播模型"，强调自上而下命令、教导，在"知"与"信"中强调"信"，这个模式在特定时期发挥了必要的作用，但是随着研究的深入和实践的推进，它的不足和劣势也逐渐凸显出来。

应该说这个阶段的科普是要满足国家需求的，它主要通过政府或者国家利用掌握科学知识的人来促进知识的"灌输"和传播。

科学技术都是好的，都是具有无须怀疑的正面价值，自然科学的方法现在或者将来将能解决人类一切领域的问题。所谓的科学普及，就是把完美的东西带来，让广大的公众知晓它，运用它。

这是它内在的逻辑假设。

当然，如今采用辉格史的方式进行回溯的话，很多学者会对"缺失模型"进行批判性反思，但是不可否认的是，它是一定历史阶段的产物，而且在特定的历史阶段也发挥了其应有的作用。

公众理解科学——态度的缺失

时间很快来到了 1985 年。

这一年，在巴德默爵士的领导下，英国皇家学会发布了《公众理解科学报告》，提出"理解"不仅仅包括对一些科学事实的了解，还包括对科学活动及科学探索之本性的领会。

这实际上就超越了科学知识的层面，并且扩展到了科学态度等角度了。

这个报告吹响了促进公众对科学理解运动的号角，并且为英国，甚至是世界各国建立了新范式。该报告的直接后果之一就是促成了公众理解科学委员会（Committee on the Public Understanding of Science，简称 CO-PUS）的成立，其目标是对科学的进展进行阐释并让其对非科学家来说更易于理解

在此后的一段时间里，很多报告都聚焦于促进公众理解科学，甚至还有一本专门的学术期刊，也叫作《公众理解科学》。

如果说第一阶段是缺失的知识需要被灌输，那么这个阶段则是要想办法搞定态度的缺失。因为这个报告"隐含的意思是，公众相对于科学家，在科学素养上十分欠缺；公众可能因为不了解科学，而不支持对科学的投入，科普或科学传播的目的就是弥补这种欠缺"。

实际上，科学和技术知识与对科学和技术的态度之间的关系十分复杂，并不能用简单的线性相关性来解释，而且随着时间的变化，人们对不同领域中所牵涉的科学和技术也会有不同的态度与看法，比如对于氟氯昂的看法就因为臭氧空洞的出现而出现了逆转。同时在具体议题上，比如转基因食品，科学知识和态度之间的相关性很弱，有时候还是一种负相关关系。

公众理解科学范式强调的是公众对待科学的态度，从而破除了知识越多、态度越积极的假设，因为知识不足或者知识充足都不足以解释公众对待科学和技术的态度。

科学传播——信任的缺失

在信息时代，特别是以互联网为代表的新兴媒体极大地丰富了公众获取科技信息的渠道。同时公众也开始根据自身需求主动地检索和获取信息，公民意识的觉醒呼吁对科学不仅要"知其然"，更要"知其所以然"，甚至是"知其所以必然"，这也促使我们需要关注双向互动的科学传播，即公众参与科学。

2000 年英国上议院发布《科学与社会》报告，该报告认为过去的科学传播只是从科学共同体到公众的单向的自上而下的传播模式，而当前的科学传播应该聚焦于对话，或者说科学家与公众的双向交流与互动。

在此模式的指导下，一系列报告开始把焦点放在了公众参与科学上，其中包括 2000 年维康（Wellcome）基金会与英国科技办公室（OST）的《科学与公众》报告，2004 年英国皇家学会的《社会中的科学》报告（明确提出了"公众参与科学"），2001 年欧洲经济与社会研究理事会（ES-RC）的《谁误解了谁》报告等。

受这一模式的影响，一系列公众参与科学的新模式和新做法开始涌现，包括科学咖啡馆、愿景工作坊、协商民意测验、公民陪审团、共识会议等，可以认为这是科学传播范式引领下的一系列措施和行动。这一阶段的受众开始变被动为主动，科学共同体与公众共同合理地建构科学传播的"公共领域"，并强调公众和科学共同体处于同等地位，双方平等地开展对话协商。

这一范式也可以称之为"科学与社会"（science in (and/of) society），或者公众参与科学（Public engagement with science and technology），此

时关注的不再是知识的缺失或者态度的缺失，而是信任的丧失，即公众对科学和技术的信任以及对信任的重塑等问题，为了赢得或者再次赢得公众对科学（家）的信任，需要倾听公众的观点，与公众开展对话。

几个提法的辨析

实际上，已经有学者注意到了，"科学传播以及在科学素养领域中使用的其他术语因缺乏清晰明了的意义而让人苦恼不已"。比如在日常生活和实践，甚至在文献中，我们经常会看到与科普相关的一些衍生词出现，包括科普宣传、科普教育、科普传播等等。甚至在一些官方材料和学术文献中也偶尔会见到这些词汇。

如果在搜索引擎中分别输入上述词语，我们也可以发现更多的类似情况，比如，科普宣传—北镇市人民政府门户网站、新华社区开展科普宣传活动；植物园的科普教育及其发展、科普教育—重庆科技馆；科普传播—中国科学院沈阳分院、新媒体背景下的科普传播对策研究，等等。

虽然不同的研究者对科普的界定不同，但是基本围绕着"四科"做文章，比如，《关于新时代进一步加强科学技术普及工作的意见》就指出，"科学技术普及（以下简称科普）是国家和社会普及科学技术知识、弘扬科学精神、传播科学思想、倡导科学方法的活动，是实现创新发展的重要基础性工作。"同时"科普是公益事业……是全社会的共同任务"，而从传播学上来说"宣传"是一种专门为了服务特定议题的讯息表现手法，"宣传"往往会与说服、说教等政治性话语联系起来。因此，科普不能完全与宣传画等号。

科普是校外教育或者非正规教育的重要形式，近年来全国各地在科技馆进校园，馆校结合科学教育，科普场馆科学教育方面开展了很多有意义的探索工作。"科普的实质是提高人的科学素养"，因而可以说科普的内涵中就包含着教育的因素，或者说科普是一种终身教育，是正规教育的有益补充，2022 年 9 月，中共中央办公厅、国务院办公厅印发的《关于新时代进一步加强科学技术普及工作的意见》就提到了要"强化科普在终身学习体系中的作用"。

实际上，科学大众化的范式已经发生了，并且正在发生着变迁。但是每次范式的变迁都受到了特定问题的驱使，比如传统科普阶段的知识缺失，公众理解科学阶段的态度缺失，以及科学传播阶段的信任缺失；同时每次范式变迁也都鼓励对特定的问题进行研究，比如从如何通过科学教育弥补公众的科学知识，到如何测量科学知识与科学态度之间的关系，最后到如何实现科学（家）与公众的双向互动平等交流等。

同时"科普、公众理解科学、科学传播的区别并非是历史的或是层次的，三者只是侧重不同，无论传统科普还是现代科普，其本质都是科学大众化的实践活动，只不过内容发生了变化"。

就当前而言，我们尤其可以发现科普，公众理解科学和科学传播出现了"同时在场"的情况，这也和我国的国情有一定的关系。一方面公众民主意识的提升，参与科学呼声的高涨等都促进了我们对科学传播的理解和实践；另外一方面传统科普在广大农村地区和偏远山区仍然有存在的"市场空间"和需求，所以从实践的角度来说，也许我们把焦点放在传播内容本身以及受众对象的角度，而不去纠结到底该用科普还是用科学传播来描述它仍然是一种不错的策略。同时在我国来说，"大科普格局"的提出也表明了至少在科普政策和科普工作的层面上，我们的科普要比科学传播更加广博，其内涵和外延也应该有所扩大。

话虽如此，不过在很多人看来，似乎科学传播要比科普更加时髦一些，因而我们还是有必要专门用一些篇幅来探讨一下科学传播的有关问题。

第 02 章

什么是科学传播

颜色是约定的，甜是约定的，苦是约定的，实际上只有原子与虚空。

——德谟克利特

· · ●

　　既然很多人都在说自己是做科学传播的，那么到底什么才是科学传播呢？只有搞懂了这个问题，才能更好地开展科学传播以及让传播产生预期的效果，或者说设计出科学传播活动，否则就是"名不正，言不顺"，就有可能出现很多"假汝而行"的非科学和不科学。

　　从研究的视角来看，有很多学者探讨过科学传播研究的现状，他们认为：①作为一个教学和研究主题的科学传播主要是作为对外部需求的回应而出现的；②它受到政治关切和制度关切的影响同受到智识兴趣的影响一样多；③近年来这个领域的很多出版物，不仅反映了对科学传播的正式研究给予支持以及推动其深入发展的意图，而且反映了实现理论统一的难度；④目前没有一部大型的著作提出了对科学传播的关键议题进行思考的连贯框架。所以在科学传播的学科层面上，科学传播"尚未成为具有很强跨学科特征的一门学科，或成为传播学研究这个仍在发展的领域的一个二级学科"。

　　我们应该承认，不论是科普还是科学传播，目前在国内都还未成为一个独立的学科，虽然有些高校里有科学传播这个方向。同时科学传播与其他学科有着千丝万缕的联系，也会从其他学科中借用很多理论、概念等等，因而任何对它进行界定的尝试都难以放之四海而皆准，"有一千个读者就有一千个哈姆雷特"这种说法可能也适用于对科学传播进行的界定，甚至有学者认为，我们需要通过确定什么不是科学传播来界定什么是科学传播。

　　从发展的眼光来说，科学传播作为一个概念术语并不是一开始就存在的，如果对其进行追根溯源，我们会发现存在着一个伞形概念的状况，那就是科学大众化。随着时代的发展，不同的文化形态和社会语境衍生出了可以归结到这个伞形概念之下的不同术语和概念，其中就包括科学传播，除此之外还有科学普及——实际上在西方社会里，在科学传播这个词语被广为采用之前，理论和实践领域一直采用的是科学普及这个词语，此外还有公众理解科学、科学素养、科学与社会、公众参与科学，以及近年来颇受关注的公民科学等等。

　　虽然"你能看到多远的过去，就能看到多远的未来"，不过用短短一章的文字梳理清这些概念之间纵横交错的内在关联以及发展脉络显然是力有不逮的，也远远超出了笔者自身的能力，而如果我们要拉一个有关科学传播的定义的单子的话，可能其篇幅不一定会比本章的内容短，所以我们也只能管中窥豹，从几个方面用几篇文献来稍加探讨科学传播这个概念。

有关科学传播的一些定义

　　对于到底是谁先提出了科学传播（science communication）这个术语，各方面的学者也是莫衷一是，不过我们有必要稍微回顾一下。笔者曾就这个问题以邮件的形式咨询过多位国外学者，他们也未给出明确的答复。

　　一般认为英国是最早开展科学传播研究和实践的国家之一，科学社会学家 J. D. 贝尔纳在 20 世纪 30 年代就出版过一本书——《科学的社会功能》，他在里面提到了一个理念，我们大体上也翻译成科学传播，其对应的英文是 scientific communication，作者认为这"不仅包括科学家之间交流的问题，而且包括向公众交流的问题。"

　　可以发现，贝尔纳书中的科学传播与我们如今所说的科学传播存在着细微的差别，前者是 scientific，后者是 science，前者包括了同行内的传播与交流，而后者在今天的语境下我们更多地强调同行之外的或者说面向非科学从业者的传播。

1985 年，英国皇家学会发布了《公众理解科学报告》，继而强调了科学传播的重要性以及如何开展科学传播的系列问题（顺便说一句，这个报告也开启了全球的公众理解科学运动）。英国确实就科学传播的相关问题进行过多次公众质询，并且提出了一些被学界和业界广为采用的模式和方法，比如 2017 年 3 月 24 日，在咨询多方之后，英国议会下议院的科学与技术特别委员会发布了《科学传播与参与》的报告，其中也罗列了几个有关科学传播的界定。

例如，伦敦大学学院凯伦·巴尔蒂裘德博士（Karen Bultitude）指出科学传播存在四大动机：

· 功用目的。科学传播赋予人们技术手段和知识，可以运用到更大的生活范围中。

· 经济目的。先进的社会要求技术娴熟的劳动力，要求科技增加到国家的产出中。

· 文化目的。科学代表了人类"共同的遗产"。

· 民主目的。科学可影响社会最重大的决定，因此公众要具备理解基本科学知识的能力，这种能力非常关键。

再比如，英国帝国理工学院将科学传播定义为一个涵盖性术语，它包含了各式各样的活动，诸如科学家的行业交流，科学家与公众之间的互动，科学在媒体上的展现，以及人们在日常生活对科学知识的运用手段，等等。

2003 年，伯恩斯（T. W. Burns）、奥康纳（D. J. O'Connor）和斯塔德迈尔（S. M. Stocklmayer）在《公众理解科学》期刊上发表了题为《科学传播：当代的定义》（*Science communication：a contemporary definition*）的文章。三位作者梳理了科学传播的各个方面，同时也对上文提及的众多术语之间的关系进行了深入的讨论和分析，可以算是当时的集大成之作了。

他们认为科学传播是"采用适当的技能、通过适当的媒体、开展适当的活动和有效的对话，来使传播对象产生意识（aware）、欣赏（enjoy）、兴趣（interest）、舆论（opinion）、看法和理解（understand）之中的一种或多种反应。"这也被后来的学者称之为 AEIOU 模式。

作者们还在文中对相关的术语进行了界定，比如公众、参与者、结果和反应、科学等，应该说作者们给出的这种界定基本上表达了西方科学传播从业者和研究者的普遍看法，也是一个具有理论和实践双重意义的定义。

当然也有其他机构和学者尝试着给出自己的定义，比如英国科技部和维康基金会在 2000 年的《科学、技术与社会调查报告》中认为，科学传播是通过媒体、科学家共同体、政府或工业界，向非专家群体进行的传播科学的行为。在某种程度上来说，这种界定是一种同义反复，即科学传播是传播科学的。

美国国家科学院、工程院和医学院在两次科学传播学研讨会基础上形成的《有效的科学传播：研究议程》报告中认为，科学传播是对科学的信息和观点进行交流以实现一种目的或者目标，比如促进对科学和科学方法的更好理解，或者在与科学相关的争议性议题方面更深入地理解多元的公众观点和关切。

近年来，有关科学传播的理论著作日渐丰富，但是都绕不开对科学传播进行界定的问题，然而我们这里并不能穷尽，只能略举一二。比如劳拉·鲍渥特（Laura Bowater）和基·约曼（Key Yeoman）基本上沿用了马丁·鲍尔认为的科学传播经历了三个阶段的看法，并分别对其进行了界定。莎拉·戴维斯（Sarah R. Davies）和玛雅·霍斯特（Maja Horst）则把科学传播界定为一种有组织的活动，其目的是传播科学知识、方法、过程和实践等。

国内学者们的视角

从国内来说，最早在文献中使用科学传播这个术语的应该是翟杰全教授，他在 1990 年发表了题为《科学传播学：一个亟待开拓的研究领域》的文章，并认为，科学传播是指科学资料、科学知识、科学情报的交流、传播和共享活动。

同时，吴国盛教授认为，"科学传播"就是把"传播"的理念引入对"科学"的理解之中，用"传播"的态度看待科学、对待科学。科学的"传播"化，表明"多元、平等、开放互动"的现代观念已经或正在进入科学事业中，进入科学与社会的关系中。

当然也有学者梳理了相关概念，并在此基础上尝试着在中国的语境下给出更具包容性或者说全纳性的一种概念，比如科技传播与普及。

但是诚实地说，如果一个概念包括了所有的可能，那么它就有可能什么都没有包括，或者说并未涉及这个概念的核心问题，因为从逻辑的角度来说，这个概念至少没有做到周延。因而，在对其进行界定这个问题上，某种全纳性概念的提出或许是不得已而为之。

当然，还需要说明的一点是，国内虽有一些专题性论文深入探析了科学传播的界定，不过似乎并没有达成共识，但是研究人员和实践人员又都在用这个术语，表面上似乎已经就科学传播是什么达成了某种不成文但又默许其具有某种共同意义的共识。此外，因为国内更多采用的术语是科学普及，简称科普，所以在科学传播与科普之间曾经也发生过激烈的辩论，截至目前这种争论也没有终结。

同时，结合国内的具体语境和发展现状，一般认为，科普的内涵要远远大于科学传播，尤其是我们正在致力于构建大科普格局，"推动科普全面融入经济、政治、文化、社会、生态文明建设，构建社会化协同、数字化传播、规范化建设、国际化合作的新时代科普生态"。目前是中国科普研究所副所长的高宏斌研究员有一篇文章专门探讨了这个方面的问题，因而本书中也采用这种观点，即在中文语境下，将科学传播纳入到科普的范围之下。

虽然从研究的视角说，科学传播与科普的混用有时候会带来一些困惑，这也是需要在基础研究方面深入探讨的，但是在实践方面，不论是采用科学传播这个术语，还是采用科普这个说法，其目标都是为了把科学传播给广大受众。

当然，我们在承认科学传播于不同发展阶段、不同文化和社会语境下有不同的内涵和外延的前提下，有必要对它进行某种程度上的界定，这不仅有利于为促进科学传播成为一个学科奠定一定的基础，因为"对科学传播进行清晰而通用的界定，将有助于这个领域的发展走向成熟，帮助它成为一门真正的学科"，也有利于科学传播这项事业的全面发展。

在本书中，我们并不打算给科学传播做一个自己的定义，只不过需要说明的一点是，我们可以发现科学传播这个概念实际上也是存在层次性和时代性的，它也是在不断丰富和发展的。

正所谓，万变不离其宗，科学传播一定是关于科学的传播，对科学进行的传播，传播的是科学，同时也要用科学的方法进行传播。

鉴于目前存在着科普与科学传播混用和共存的现象，所以本书在绝大多数情况下会使用科学传播这个术语，比如在做具体问题分析时，意在将其置于科普这个更大的范畴之下，同时在探讨更广义的对科学进行传播时，则采用科普这一术语，当然这也是一个权宜之计，毕竟探讨科普与科学传播之异同，是一个有待于深入研究的学术问题，甚至更是让科普成为一个学科必须解决的根本问题之一，因为这样能更好地厘清科普与科学传播之间的关系，进而明确科普这个核心概念的内涵和外延，做到更加周延，不过这个问题的解决并非本书之本意，更非本书作者之能力所及。同时，我们期待有更多的学者对此进行深入的探索。

科普有什么用？

大哥你玩摇滚，你玩它有啥用啊。

——二手玫瑰《伎俩》

无用之用，方为大用。

——《庄子》

· · ·

　　从功利主义的角度来说，人们在遇到一件事情或者面对一个东西的时候，往往首先考虑的就是这个东西有什么用。比如网络上有一个段子，当人们看到某种植物或者某个动物的时候，头脑里首先会想到三个问题：能吃吗？好吃吗？怎么吃？总之一句话，这个东西有什么用？实际上，在科普中也面临这样的问题，那就是科普到底有什么用？

　　当然，有关这个方面的探讨也产生了大量的学术论文和评论，比如在《科学与公众：传播、文化与可信性》一书中，简·格雷戈里和史蒂夫·米勒总结了促进公众对科学的理解能够带来九个方面的益处，包括对科学本身的益处、对国家经济的益处、对国家权力和影响力的益处、对个人的益处、对民主国家政府和社会整体的益处，以及智力、审美和道德层面的益处，等等。实际上我们可以发现这些益处既有宏观层面的，也有中观层面的，更有微观层面的，亦或者说，科普可以带来全方位的好处。

　　从国内的大背景来看，2022 年 9 月颁布的《关于新时代进一步加强科学技术普及工作的意见》指出，科学技术普及（以下简称科普）是国家和社会普及科学技术知识、弘扬科学精神、传播科学思想、倡导科学方法的活动，是实现创新发展的重要基础性工作。此外，2021 年 6 月，国务院印发的《全民科学素质行动规划纲要（2021—2035 年）》明确指出，公民具备科学素质是指崇尚科学精神，树立科学思想，掌握基本科学方法，了解必要科技知识，并具有应用其分析判断事物和解决实际问题的能力。2023 年 4 月 14 日发布并向社会公开征求意见的《中华人民共和国科学技术普及法（修改草案）》指出，"本法适用于国家和社会普及科学技术知识、倡导科学方法、传播科学思想、弘扬科学精神等各类工作和活动。"

　　基于此，我们可以认为，科普是提升科学素质的手段，或者说科普的最终目的是提升全民科学素质，同时科普应该包括"科学技术知识、科学方法、科学思想、科学精神"等维度。当然对于科普的意义在各种平台上已经有众多论述了，所以本章并不打算重复这些内容，而仅仅从微观层面上探讨一下科普对于从业者和目标受众到底有什么用。

科普对科学家（界）有什么好处？

　　在一些社论性文章或者科学会议上，我们经常听到或者看到下面一种主张，那就是科学家需要将他们所掌握的科学传播给广大公众，这是他们的一种责任和义务。

　　当然，科学家有责任和义务向公众传播科学，因为科学研究的经费有一部分，甚至是很大一部分来源于纳税人，那么科研人员有必要向纳税人说明白这些经费用在了什么地方，取得了什么样的成果，对社会发展起到什么样的作用，只有公众知晓了这些，他们才会更加支持科研工作，才能形成尊重知识、尊重科学的良好氛围，而要实现这个目标，必然要求科研人员开展科普。

　　同样，从另外一个角度来说，因为"科技创新、科学普及是实现创新发展的两翼"，只有做好科学的传播和普及，科技创新才有坚实的基础。但科普到底能给科研人员带来什么益处呢，如果我们不能把这个问题搞清楚，那么就不容易在更深层次上激励科研人员投身科普工作。当然，在探讨科普对科学家有什么好处之前，我们先从历史的视角用两个例子来探讨一下科普曾经给科研人员带来了哪些负面效果。

卡尔·萨根是著名的天文学家、天体物理学家、宇宙学家、科幻作家，同时也是非常成功的天文学、天体物理学等自然科学方面的科普作家。

1992 年，美国科学院增补院士，著名生物学家斯坦利·米勒强烈推荐萨根成为美国科学院的一员，因为他的履历简直优秀得让人无法相信。

实际情况也着实印证了这一点。因为萨根确实是一位科研、科普、科幻三栖的"大咖"。

在科研方面，他创立的金星大气的温室模型解释了这颗行星令人费解的高温。他也为火星表面的高度差和木星大气中的有机分子找到了证据。1963 年他成功地探测到三磷酸腺苷（ATP）的形成，那是生命组织的主要能库。在科普方面，他主持过电视科学节目，出版了大量科普文章和书籍，其《伊甸园的飞龙》曾获得普利策奖，电视系列节目《宇宙》在全世界取得热烈反响。他还有一系列知名的科普图书，包括《布鲁卡的脑：对科学传奇的反思》《无人曾想过的道路：核冬天和武器竞赛的终结》《彗星》《宇宙中的智能生命》《暗淡蓝点：探寻人类的太空家园》《亿亿万万：新千年来临之际关于生命和死亡的思考》《魔鬼出没的世界：科学，照亮黑暗的蜡烛》等。而在科幻方面，他还创作了以人类向外星文明推进为主题的长篇科幻小说《接触》（后来被拍成了电影《接触未来》）。

但是，也恰恰因为他在各个领域"四面开花"，因而也让一些同行感到"压力山大"。

兰迪·奥尔森在《别做这样的科学家：走出科学传播的误区》一书中描述了萨根入选的经过（当然是失败的经过）。

当时萨根顺利地通过了最初的投票并进入了前 60（当年有 120 位候选人）。如果没有人提出异议，这就能保证他顺利进入科学院。在科学院历史上，进入这一阶段的 1000 位被提名者中，只有一个人遭到过反对。不幸的是，萨根成为了第二个。这意味着，他要想进入科学院，必须增加一场特别投票。

萨根需要获得三分之二以上的赞同票才能当选科学院院士，但最终没能成功。

究其原因，就在于有一些人认为萨根作为一个科学家，与公众走得太近了，因为他经常出现在报纸、广播和电视上。说白了，就是他科普做得太多了。

接下来我们把镜头再往前推几十年，来看另外一个故事。

1986 年，科学普及出版社出版了一套上下两册的数学科普图书，叫作《大众数学》，它的作者是英国生物学家、遗传学家、医学统计学家兰斯洛特·霍格本（Lancelot Hogben）。

霍格本对科普很重视，比如他曾经写过这样的一段话，"在维多利亚时代，像法拉第、赫胥黎和廷德尔这样的科学巨人，从未因为书写一些简单的事实而感到有失高贵，他们确信可以引导读者……找到写出这些雄文的关键所在；法拉第与赫胥黎创作这些雄文所用之笔，是他们对于人类可教育性的坚定信心。"

1927 年，时年 32 岁的霍格本到了南非，在开普敦大学获得了一个动物学方面的教职。他在研究激素生理学的作用时，曾经尝试过将牛的垂体提取物注射到不同动物体内以观察动物生理状态的改变。1930 年，为了证明孕妇的尿液中含有某种特殊的激素，霍格本收集了新鲜的孕妇尿液，将其注射到雌性非洲爪蛙皮下。几个小时以后，神奇的现象发生了——雌性非洲爪蛙排卵了。后来他又用其他几位孕妇的新鲜尿液重复了实验，结果依旧如此。这一现象通过信件和论文扩散开来，甚至有一位英国的医生对 150 位女性重复了这个实验，竟然发现完全没有 1 例出现假阳性，而且也仅有 3 例漏报的怀孕案例。

这也就是网传的青蛙能当验孕棒的故事的最初版本。

当然，在此期间，严格地说是 1928 年，霍格本身上也发生了另外一件与科普有关的事情。

此时，霍格本正在等待英国皇家学会会员提名的结果。

但是在他所处的时代，科学家做科普往往并不被同行所重视，甚至有可能会成为减分项，因而许多科学家撤出了科普的阵地，因为他们认为向外行普及科学有损知识分子的名声（这种情况在科学建制化，科学家职业化之后变得更明显，因为科学有了自己的语言体系、成果发表平台和评价机制，因而一些主要的科学协会便对冒险开展科普工作的科学家进行惩罚，排斥违反规定的科学家个体，甚至是拒绝给予他们一定的奖励，比如不让他们成为某个受人尊敬的学会的会员）。伯纳姆在《科学是如何败给迷信的》一书中提到过这样一个观点，那就是科学之所以败给了迷信，是因为科学家撤出了自己的阵地。实际上科学家的撤退有时候也非主动为之。

言归正传。

霍格本因为担心他的《大众数学》会让同行对他有偏见，进而影响他的提名，于是眉头一皱，计上心来，他让自己的同事海曼·利维冒充是《大众数学》的作者。

只不过，人算不如天算，《大众数学》成为了一本炙手可热的科普书。我们现在能够买到或者在网络上看到的《大众数学》的作者依然是霍格本，那是因为在霍格本这本书面世之前，他就如愿地拿到了英国皇家学会会员的资格。

当然，我们还可以举出其他例子。比如，当朱利安·赫胥黎开始其科普创作的职业生涯时，约翰·伯顿·桑德森·霍尔丹就警告过他，并且怀疑他在研究上的投入后期会阻碍他当选英国皇家学会会员的工作。物理化学家威廉·哈迪爵士则认为霍尔丹给日报撰写文章损害了他的职业生涯。

实际上，在十多年前，国内也有一些知名专家曾经表示过，"科普只能偷着搞？""在科技界，科普往往被认为是在科研上没前途的人才去做的，在一些有成就的科学家看来，科普是小儿科，做了丢人。""甚至在科学共同体内，大家对热衷科普的同行也是另眼相看：是不是研究搞不下去了才去搞科普？想出风头吧，不然……"因为在一些同行看来，只有科研做不好的人才会去做科普，科普是小儿科（不，它应该是全科！）。

　　当然，时过境迁，随着政策环境的不断完善，随着科研人员对这项事业重要性的认知不断提高，科研人员积极参与科普已经成为一种共识，一种行动。

　　但是，我们还是有必要从个体层面来探讨一下这项工作会带来哪些益处？这里我们不妨再提供两个例子。

　　2017 年 12 月 5 日，由中国科学技术协会主办，中国科学院国家天文台、中国科学院地质与地球物理研究所、中国科学院青年创新促进会、中国科普作家协会、中国青年科技工作者协会科学管理与科学普及专业委员会、未来论坛等单位承办的"中国科学技术协会第 340 次青年科学家论坛暨首届青年科学家社会责任论坛"在中国科学技术馆举行。本次论坛的主题是"科学与社会的深度融合——青年科学家的社会责任"，国内参与科普科教的数十位青年科学家围绕"科学传播的现状与未来""科学教育的现状与未来""科技成果转化的现状与未来"三大议题开展了深入研讨和交流。

　　也正是在这次论坛上，时任科普中国形象大使的来自中国科学院光电研究院的徐颖在报告中就谈到，如果她不去做科普的话，未来就有可能招不到合适的研究生。

　　实际上，这也道出了科学家开展科普可以带来的一种益处，那就是培养受众，尤其是青少年对科学的兴趣，那么这些青少年在未来就有可能把科学作为自己的专业以及职业。

　　曾经也有研究表明，激励科研人员与公众进行交流的内在因素就包括：对纳税人的公信力，对科研成果进行宣传以保持或增加其公共资助，教育和告知公众以及与他们分享知识的欲望，获得公众的认可或招募新的科研人员及学生等。

　　这应该被看作科学家开展科普的一个直接益处。

　　无独有偶的是，在谈到国内科研院所开展科普的成功案例方面，中国科学院物理研究所绝对是首屈一指的。

所谓外行看热闹，内行看门道。对于很多人来说，大家只知道物理所的科普工作做得非常好，但是鲜少有人了解他们起初的目的也是为了招生。

举例来说，如果青少年没有听说过某个专业领域，或者说不知道它是做什么的，那几乎可以肯定的是，在未来进行专业选择的时候，他们不大可能会选择该专业方向。或者我们举一个更积极正面的例子，电影《侏罗纪公园》的上映激发了很多青少年对恐龙、对古生物的好奇心和探索欲望，同时也在他们心中埋下了从事相关科学研究的火种，这显然是科普给科学共同体带来的一种集体收益。

当然，除了招生之外，做好科普还有一系列好处。

我们多年前就科学家利用新媒体（当时的主流是博客）开展科普进行了系列访谈。有些科学家在访谈中就表示，他们因为在科学网上撰写博文而结识了一些大同行，进而在后来建立起了学术上的联系，并且合作开展了一些研究项目。

这里不妨补充一个背景信息，那就是绝大多数人，包括科研人员都是通过媒介获取科技信息的。所以这又何尝不是科学家开展科普所带来的一种益处呢？

实际上，这背后还有另外一个逻辑，那就是科学家通过与普通公众互动的过程也是一个互相学习的过程，甚至有时候普通公众一个看似"冒傻气"的提问也有可能会启发科学家找到新的研究方向，而这也应该是一种好处。

除此之外，科学家参与科普还可以提升自身的表达能力，人际沟通能力，等等。

科普对普通公众有什么好处？

我们之所以要开展科普，是因为其隐含着这样一个逻辑，那就是科学这种知识对于受众来说是一种力量，而且知识越多越有助于受众更加理性地看待问题。当然这里有某种已经被学者批判过的"缺失模型"的痕迹，但是这至少表明科学对于受众来说是有益的，那么对于受众来说，这种益处都有哪些方面呢？我们在这里不妨尝试探讨一二。

科普有助于公众掌握科学方法，改变公众看待世界的方式。卡尔·萨根在《魔鬼出没的世界》一书中曾表示，"科学是一种认知世界的方式，"而尼尔·德格拉斯·泰森在《把宇宙作为方法：天体物理学家写给所有人的 101 封信》中也认为，"真正的科学素养不仅关乎知识，更关乎你提出问题的思考方式。"所以，科学的真正精髓是科学方法，或者可以说，科普有助于培养公众的科学思维能力和科学理性。泰森还说，"学校教给你的不仅仅是知识，还有学习的方法。最理想的情况下，学校应该激发你一生的求知欲。"因为"在所有的教育目标中，这（思考方式）可能是最高的一个，因为在人生中所有关键时刻，你的思考方式比知识更重要。"虽然，他意在点评学校的教育，但是对科普又何尝不是如此呢。

因而可以说，科普作为正规教育的一种补充，有助于公众掌握必要的科学方法，实际上赫拉利也持有与泰森类似的看法，他在《人类简史》一书中曾这样写道："目前有太多学校的教学重点仍然在于灌输知识。这在过去说得通，因为过去信息量本来就不大……但是，在 21 世纪，我们被大量的信息淹没……在这样的世界里，老师最不需要教给学生的就是更多的信息。学生手上已经有太多信息，他们需要的是能够理解信息，判断哪些信息重要、哪些不重要，而最重要的是能够结合这点点滴滴的信息，形成一套完整的世界观。"

伯纳姆在《科学是怎样败给迷信的》一书中也多次提及，科普不能仅仅教授知识，因为"只要还缺少科学方法和科学精神的习惯，教育就不能停止"，而"强调方法是对科学普及的一个巨大帮助，因为它能使公众不必去执行困难的数学运算和记住多得可怕的大量事实，而无可争辩地掌握真正的科学"。否则，"无论是小孩还是大人，接受到的是日益增多的空洞事实，这些空洞的事实尽管是科学家发现的并披上了科学权威的外衣，但仍旧是空洞的"。

科普有助于提升公众的批判性思维和逻辑推理能力，让他们更好地区分事实与观点。在后真相时代，我们经常被各种观点而非事实所左右，而这些观点往往是情绪化的，因而学会区分事实与观点就愈加重要。有些时候受众会把一些观点当成科学事实，这实际上会损害科普的科学性，也不利于公众理解科学。

为了考察公众是否能够正确地分辨新闻中的事实和观点，美国皮尤研究中心于 2018 年 2 月 22 日至 3 月 8 日对 5035 名成人进行了一项基本调查，受访者要对从新闻中摘取的五个事实陈述、五个观点陈述以及两个所属不清的陈述进行分辨。

调查结果表明，虽然绝大多受访者能够正确地识别五个陈述里的至少三个，但是这比随机猜测好不了多少，所以可以说很多人在事实和观点上分不清楚。

同时我们还应该注意的是，同一个事实可能会导致不同的观点。

事实是能依据客观证据被证明是真的还是假的，而观点是以做出这种陈述的人的价值观或者信仰为基础的，它不能根据客观证据来证明真或假，它说的是一种信念、感觉和看法。

也许我们可以判断出"今天 35 摄氏度，热死个人！"这句话哪里说的是事实，哪里说的是观点，但是是否每个人都能判断"瞧你那一本正经的样子，像个大教授似的，你怎么不说话呀……"这句话有多少事实，又有多少观点呢？

当然，广义上来说，科普也是在建设科学文化，建设一种批判性提问、正确的怀疑态度、对事实和不确定性的尊重，以及对大自然和人类精神的丰饶保持求知欲的文化。因为"一旦科学文化内化于心并有效塑造人们的认知结构，将极大地改变人们看待世界的方式，从而释放最大的生产潜能……"。

第 04 章

到底谁应该做科普

天下兴亡，匹夫有责。

——顾炎武

· · ·

　　1997 年"中国科学院老科学家科普演讲团"成立，这是由中国科学院为主，包括各部委、院、校的退休和未退休专家、教授组成的一支科普队伍。他们想做科学的播种人，期待科学的种子生根发芽。截至撰写本章内容时，该团共有 64 名团员。

　　2014 年，中国科学院计算机网络信息中心和中国科学院科学传播局开始联合主办"SELF 格致论道"公益讲坛。提倡以"格物致知"的精神探讨科技、教育、生活、未来的发展，鼓励自由独立的个性和思想的表达。

　　2018 年 7 月 9 日，由中国科协科普部主办、果壳网承办的"我是科学家"演讲第一期在中国科技会堂举办。该活动的口号是："我是科学家，我来做科普！"

　　2023 年 7 月 20 日，中共中央总书记、国家主席、中央军委主席习近平给"科学与中国"院士专家代表回信，对科技工作者支持和参与科普事业提出殷切期望。习近平总书记指出，科学普及是实现创新发展的重要基础性工作。希望你们继续发扬科学报国的光荣传统，带动更多科技工作者支持和参与科普事业，以优质丰富的内容和喜闻乐见的形式，激发青少年崇尚科学、探索未知的兴趣，促进全民科学素质的提高，为实现高水平科技自立自强、推进中国式现代化不断作出新贡献。

　　此外，一些在科学报道领域深耕多年的媒体从业者也通过各种方式传播着科学，一方面他们报道科学，另外一方面也在不同场景下传播着自己的经验和体会，甚至还有一些成功地转型成了职业科普人。

与此同时，随着自媒体和社交媒体的蓬勃发展，在抖音、快手、哔哩哔哩、微博等社交媒体平台上活跃着一大批科普达人，他们中的一些也已经成为了职业科普人。

从 2015 年开始，中国科协开始评选"十大科学传播人物"，并且于 2016 年启动了"十大科普自媒体"评选活动。被提名以及最终获得称号的科学传播人物和科普自媒体都是在公众的视野中具有较大影响的，他们面向公众和媒体，普及科学知识，弘扬科学精神，传播科学思想，倡导科学方法，展示科学和科学家的魅力，共同提升着科学和科学家群体的社会影响力，并带领更多科技工作者投身科普。

上述资料表明，一大批与科学相关的从业者，包括科学家和研究人员、科学记者、接受过科学训练的但并未从事科研工作的人，都在积极地利用各种平台和渠道进行着科普活动。

我们可以统称他们为科普人员，当然有一些是"明星科学家"，不过有学者认为，科学传播已经不再是少数"明星科学家"的保留战场。它是由各种各样的全职传播者（与许多热心的志愿者一起）组成的领域，无论是那些转向全职传播的科学家，还是来自其他领域的专业传播人士（如公关人员），或是越来越多的经过专业科学传播训练的个体骨干。由此看来，在科普中出现了"共同体"，而上述提及的科学家，科学记者，职业科普人等都可以看成是科普的一个"重要力量"。

那么这个"共同体"都有哪些"重要力量"呢？

"第一发球员"

如果说上文提及的科普是一个"共同体"作战的领域，那么科学家群体就是一个不可或缺的"重要力量"，是科普的"第一发球员"。

目前有一大批活跃在科普领域的科学家，比如，"嫦娥之父"欧阳自远院士，北京交通大学副教授陈征，浙江大学生命科学研究院教授、博士生导师王立铭，中国科学院高能物理研究所研究员、天体物理学家张双南，中国科学院国家天文台研究员苟利军，中国科学院计算技术研究所研究员、中科大数据研究院院长王元卓，中国科学技术大学副教授袁岚峰，等等。以这些人为代表的科研人员把科普视为自己分内的责任与义务，通过各种平台和渠道开展了大量科普工作。毕竟科学研究的经费主要来自纳税人的腰包，他们有权利了解这些钱用到了哪些方面，取得了什么样的成果，会对自己的生活产生什么影响，而这些人的科普工作在一定程度上取得了较好的成果。

在一些主流媒体上，我们也会偶尔看到一些知名科学家论及这种责任和义务的问题，他们或从自身从事科普工作的经历出发，或从科普对国家、公众、科学等方面的益处出发，又或者从不做科普会产生的系列后果出发，深刻地论述了科学家应该主动、积极地参与到科普中来，并最终提高人们的文化素质和科学素质，让科学成为人们手中的武器。

我们倾向于认为，越来越多的科学家从事科普是一种价值回归，是对科学研究社会影响的一种正反馈，更是对科学家和科学研究的责任及义务的回应。就像我们说知识的力量"不仅取决于其本身价值的大小，更取决于它是否被传播以及传播的广度和深度"一样，那么没有传播的研究是未完成的研究。莫顿在《科学的规范结构》一文中提出的科学共同体内部的行为规范之一就包括共有主义，而从传播的角度来说，共有主义也意味着科学是公众的知识，科学家应该公开自己的研究成果，做到"取之于民，用之于民"，这就需要科学家积极地开展科普工作。

之所以说科学家是科普的"第一发球员"，是因为科学家掌握着科学知识和科学研究方法，是科学思想的创建者，是科学精神的传承者，也是科学文化发展的源头。正如《聚光灯下的明星科学家》中写到的那样，一些科研人员通过科普获得了在公众和媒体中的可见度，他们通过媒体（包括自媒体）传播着本领域的科学知识，并进而在更广泛的层次上开始对科学议题发表看法，讨论科学政策，影响科学研究的框架和议题设置，"来激励新思维，驱动科学争议，强化公众的理解，动员社会运动，并塑造政策。""问渠那得清如许？为有源头活水来"，科学家就是科普的"源头活水"。离开了科学家的参与，那么科普就会变成"无源之水"和"无本之木"。

同时科学家因为处于科学研究的最前沿，在其所属的领域里游刃有余，所以同专门从事科普的机构和媒体相比，他们可以最大限度避免科学知识在传播过程中出现差错，保证科学的正确性。尤其是在社交媒体空前发展的时代背景下，科学家在科普生态链的建设和发展中更加不能缺位。

当然，不可否认的是，也有一些科学家并不认为科普是自己的首要责任和义务。首先，我们并不应该从道德或者其他方面对持有这种看法的科学家进行批判，而是要设身处地地为他们着想。毕竟科学家的首要任务还是开展科学研究，生产出可靠的科学知识，培养科研人才，争取科研经费等等。所以有时候他们是"有心杀贼，无力回天"，因为他们的时间和精力都是有限的，虽然传播或者说拓展活动也在他们的日程之上，但是相较于其他更重要的事情来说，科普并不会作为优先事项。

不过，如前所述，科学家是科普的"源头"，如果他们不积极主动地发表自己的看法，那么一定会有其他人替他们说，而且其他人说的也未必正确，这就给后续的传播工作，甚至是辟谣带来了一定的难度，这就是兰迪·奥尔森在《别做这样的科学家：走出科学传播的误区》中说到的"雪莉法则"（后文会详述该法则）。但是，我们也应该承认，并不能要求所有的科学家都去做科普，这既不现实，也不可能，其中涉及的问题除了时间因素之外，还有就是技能的缺乏，所以有必要让愿意或有志于做科普的科学家习得一些科普的技能，毕竟科普不是猜谜游戏，而是一种科学，做好科普需要方法论上的指导。

"二传手"的逆袭

我们于 2016 开展的一项有关科学家与媒体关系的调查曾显示，记者们认为科普应该是多元主体的，其中包括专业研究者（16.83%）、政府相关机构（9.9%）、媒体（33.66%）、专业从事科普的组织和机构（39.6%）等等。

也正因此，才有了媒体是科普的"二传手"的说法，不过这也有历史上的原因。当然，随着专家型记者的养成，一些媒体记者也进入到科普的主战场中，这批"二传手"成为了科普的一个策源地，比如知名的科学记者卡尔·齐默。

关于科学记者的起源，这里不妨多说几句。

从国外的文献来看，科学记者这个职业是由克劳瑟和考尔德于 20 世纪 30 年代在英国开创的，他们俩也被誉为英国最早的科学记者。克劳瑟帮助卢瑟福及其在剑桥大学的卡文迪什实验室的同行处理公关问题，擅长将科学新闻与公众兴趣结合，最终成为了《曼彻斯特卫报》的科学记者。考尔德是一名普通记者，他以一般记者常见的方式开展工作，并且偶尔报道科学新闻。克劳瑟和考尔德为专业科学记者这一混合职业的创立铺平了道路。他们了解到了足够的科学知识，使他们可以进行权威的报道，并且意识到了需要避免受专业人士厌恶的耸人听闻。虽然他们没有接受过正规的科学培训，但通过与在职科学家的接触，培养了足够的兴趣，并且积累了一定程度的专业知识。因为对于当时的科学家来说，很少有人能够生产符合每日新闻所要求的有限长度的内容。

话说回来，至于媒体记者（尤指科学记者）是不是科普的主体之一，我们这里暂且不议，不过从《关于新时代进一步加强科学技术普及工作的意见》来看，这里强调了"各类媒体要发挥传播渠道的重要作用"。同时我们确实还可以从科学家与媒体关系发展的历史视角来看待科学记者从事科普的问题。

应该说在科学专业化和科学家职业化之前，众多科学家也在身体力行地开展着科普的工作，比如，在 19 世纪晚期的某一时期，后来成为美国著名的科学协会——美国科促会——组织的所有成员不仅是杰出的研究人员，而且还是在当时的科普杂志上发表过一篇或者多篇文章的作者。随着科学家发展出了自己的语言、自己的成果发表平台和自己的奖励制度，向"外人"进行传播就变得不受重视了。更糟糕的是，主要的科学协会开始对冒险开展科普工作的科学家进行惩罚，通过排斥违反规定的科学家个体甚至是拒绝给予他们一定奖励的方式，比如拒绝他们成为某个受人尊敬的学会的会员。在这个过程中，科学和公众开始疏远，而科学记者则成为了科普的"二传手"。

但是在第二次世界大战以后，随着人们开始反思科技发展所带来的负面效果，比如环境污染，科学记者的作用开始转向对科学技术的批评和评论。科学新闻更多地着眼于伦理争议和专业知识的局限性。虽然一些新闻报道颂扬科学对社会和经济发展的贡献，但是讨论经济社会进步所带来的风险以及解决潜伏于科学家所知的或者应该知道的危险的报道变得更加普遍。1917 年科学作家迪姆斯·泰勒说到报纸强调的是事件的争议性方面，因为"没人对化学有强烈的兴趣，但是每个人都喜欢争吵"。这也印证了科学新闻向评论转变的趋势，它们也不再完全是啦啦队式的报道了。

起初，科学界把科普的责任"让渡"给了科学记者群体，但是随着形势的发展，科学界渐渐发现，他们有时已经不能掌控科学记者这个群体了，这也呼吁科学家要回归自己的科普阵地。

职业科学人的崛起

随着人们逐渐意识到科普的重要性，并且开始看到科普整体行业中的发展前景，越来越多的青年学者或者具有一定科学背景的青年科研人员离开了科研工作，全身心地投入到了科普之中，他们崛起成为了这个产业链和生态链的重要一环。

我们可以称之为职业的科学人，因为他们离开了科研一线，但是又紧盯科研一线的最新进展，用自己的专业素养和学识将这些科研成果转化成公众可以理解的形式。在伯纳姆看来，科学人是"那些既从事科学前沿领域研究，又热心于科学普及的科学家，他们一般从文化和社会的层面用较宽泛的视野看待科学，他们出版科普书籍，为杂志撰写科普文章，把理性带入生活的方方面面"。不过我们在这里做了适当的引申，即他们是有着科研经历，对科学有着深入理解，进而全职投入科普工作的群体。这样的职业科学人虽然还不是一支稳定的队伍，但是他们的崛起至少在一定程度上说明科普可以从隐性的工作变成显性的行业。

应该说随着自媒体的崛起，职业科学人成为了一股不可忽视的重要力量，虽然从研究的视角来说，对于这一群体的理论关照还有所欠缺，但是在实践领域，他们已经成为了科普这项事业的重要支撑。

尤其是近两年以来，随着短视频的火爆，职业科学人开始成为科学传播事业中一个可圈可点的亮点，在微博、抖音、快手、哔哩哔哩、好看视频、微信视频号等众多平台上都能看到很多职业科学人的身影。比如植物人史军、得到 APP《天文学通识》主理人高爽、科学漫画公众号"shel-don42"创始人李剑龙、水果猎人杨晓洋、科普作者三蝶纪、星空摄影师叶梓颐等，这些人中绝大多数具有科学专业背景，但并不直接从事科学研究，而是利用自己所掌握的科学知识以及与科学界的联系，充当起了衔接科学与公众之间的一个桥梁。

一批优秀的职业科学人结合自身的科学专业知识以及对传播规律的掌握，打造了一系列"有思想、有温度、有品质"的作品，既树立起了标签化的个人 IP，也有效地助力了公众科学素质的提升，为实现新时代科普高质量发展提供了有价值的新经验。

科研做得好不等于科普做得好

工欲善其事，先利其器。

——《论语·卫灵公》

· · ● ·

如上一章所述，2016 年，我们所在的研究团队针对科学家与媒体关系进行了一项网络调查，几乎全部受访的科学家都认为科普十分重要，但是说到是什么因素限制了他们从事科普时，超过 1/3（37.40%）的科学家认为，科学家不了解媒体传播技巧，不知道怎么开展科普。

这也说明了科普培训的重要性。

当然，2018 年，我们又通过"知识分子"公众号进行了一次类似的调查，其中有一个问题直接针对科学家从事科普的需求，结果依然非常乐观，绝大多数科学家都表示希望参与科普培训。但是当我们设计线上培训课程时，报名缴费的科研人员寥寥无几，结果这次培训无疾而终。

是不是有些讽刺？

这让我想起了获得"典赞·2019 科普中国"十大科学传播人物称号的陈征博士的一句话，他在一次培训上提到，"科学传播是伪需求"，只不过他是从目标受众的角度来说的，当然对于不愿意做科普的科研人员而言，他们对科学传播的需求，或者说对于相应技能提升所具有的重要性的认识确实存在着不足。

不过，近年来，随着公众科普需求的日益增加，以及科研人员科普意识的提升，相关的科普培训需求也开始逐渐显现出来，尤其是在健康和医学领域。一方面医务人员做好科普能够给自身带来一定的社会影响力，最明显的就是挂号患者的增加；另外一方面相应政策的出台也推动了医学科普的落地，据不完全统计，全国目前已有近 20 个省份出台了医务人员评高级职称需要有医学科普文章的相应政策，因而医学科普能力的提升和培训也成为一项重要工作。

前文已经说过，科普不是猜谜游戏，而是一种科学，做好科普需具备必要的技能。既然是一种技能，那么它就是可以习得的，是可以传授的，也是可以通过锻炼得到提升的。

我们不得不承认的是，当前存在着众多专职的、兼职的科普人员，他们在各种平台和渠道上开展着各种各样的科普活动，同时也存在着为数众多的科普研究人员，他们从科学、教育学、新闻学、传播学、心理学、科技哲学等众多学科领域对科普进行着研究。但是科普的实践与理论之间却隔着一个"东非大裂谷"。虽然理论研究提出了一些对于如何做好科普具有指导意义的结果，但是这些结果绝大多数仍然发表在从事科普实践的人可能不会去看的学术期刊中。同时对于科研人员来说，"知道"科普的技能与"会用"科普的技能之间也有很大的隔阂，所以为了"填平"这个"大裂谷"，我们就需要把理论与实践结合起来，衔接起实践者与研究者，从而能够让理论与实践成为一个"双向的行车道"。

而这可能就是科普培训所需要做的事情。

同时，随着科学和技术对我们日常生活的影响越来越多，争议性科学议题也往往成为公众关注的热点话题，那么就需要科学家和研究人员从实验室中走出来，向公众解释他们的研究结果，以及就某个话题发表自己的看法，说白了，这需要他们走出"舒适区"，离开"象牙塔"。但是硬币的另一面可能是，他们并不知道该怎么向公众解释和传播科学。

然而，一种新的气候正在形成，而且也非常有可能会成为主流气候。那就是越来越多的科研机构都要求其成员与公众探讨和交流自己的工作，比如英国皇家学会，澳大利亚联邦科学与工业研究组织，以及美国科促会，等等。甚至有些机构直接组建专业团队帮助科学家来完成这项对外传播的工作，或者出台传播指南，来帮助他们磨炼自己的传播技能。2023

年 9 月，国家自然科学基金委员会发布的《国家自然科学基金委员会关于新时代加强科学普及工作的意见》（以下简称《意见》）提出采用"大必须、小鼓励"的分类实施科普引导政策，资助强度较大的项目"应当围绕项目实施开展科普工作"，而资助强度较小的项目类型要"鼓励科研人员在做好科研工作的同时积极开展科普工作，将科普成果列入项目成果中"。

所以，逐渐形成的共识便是，对那些从事科普工作的人或者说对于有兴趣以及被要求在接下来的研究过程中开展科普工作的科研人员来说，参与基本的培训是必要的。这一方面会催生某些大学设立专门的科学传播课程和学位；另外一方面也能促进很多社会性科普培训服务的出现。

科普人员为何需要培训?

2007 年，美国科学促进会年会期间，谷歌公司的联合创始人拉里·佩奇发表了主题演讲，他对与会的科研人员说，"科学出现了一个非常严重的营销问题，因为没有一个营销人员是为科学工作的，所以没有人会关注这个问题。"也就是，如果科研人员真的希望他们的工作能够到达更广泛的受众，科研人员和位于科学—社会结合点的各种行动者，比如政府、大学、资助机构和专业学会，就需要理解传播的重要性。

培根说过，"知识就是力量，这种力量不仅取决于它本身的价值，更取决于它是否被传播以及被传播的广度"。这就意味着掌握知识这种"力量"的人（科研人员）就需要通过传播来放大这种"力量"。而且很多科研人员都意识到了需要与公众进行传播。然而，鉴于科研人员和社会之间缺乏连通性，科研人员必须与不同的公众建立起更密切的联系，以及参与到双向的传播中来。这种类型的传播反映了科学和科研人员需要在科学与社会相遇时对很多不同的需求和价值进行整合的必要性。

对于科研人员来说，有效地开展传播可以带来一系列收益。但是不可否认的是，很多科研人员在传播方面或者社会科学方面并没有接受过正式的培训，因为他们接受过的往往是如何做好科学研究的培训而非如何将研究成果传播给公众的培训，所以做得好科研未必就意味着能把自己的科研成果转化为公众可以理解的内容，因为科普也是一门科学，需要有理论的指导。用袁岚峰老师的话来说就是，一个人科普的能力，取决于他"科的能力"和"普的能力"中较低的那一个。用数学语言表达，就是：科普的能力 = min ｛科的能力，普的能力｝。

从科普培训的需求侧来说，多次调查结果都表明，参与过科普的科研人员都对科普培训表示出了高水平的参与意愿，并且认为参与科普工作在总体上是有益的。此外，虽然没有进行相关的统计，但是相关高校、科研院所、学会和协会等众多组织都开展过大量的科普培训，旨在为意欲从事科普的科研人员提供传播方面的技巧。科普培训的需求促进了把科普培训课程整合进研究生 STEM 教育之中的发展趋势，比如，《中共中央 国务院关于弘扬教育家精神 加强新时代高素质专业化教师队伍建设的意见》就提出，"加强师范生科技史教育，提高科普传播能力"。也促进了为科研人员以及医学专业人才等提供传播培训的越来越多的研究中心和机构的发展。这些培训由各种活动组合而成，包括依靠各种技术来改善传播有效性的课程、工作坊和研讨会。

而从科普培训的供给侧来看，随着科普培训项目、课程和需求的不断增长，当前出现了越来越多的研究人员着眼于理解传播培训在帮助科研人员改善传播工作中的作用以及科研人员寻求培训的动机等议题。同时，随着研究的不断深化和拓展，目前已经浮现出了很多行之有效的科普方法，心理学家、社会心理学家、统计人员、媒体分析人士和很多其他社会科学家和研究人员就多元且细微的话题发表了成千上万篇学术论文，但是不容置疑的是，这些研究成果仍然躺在汗牛充栋的学术期刊中，而真正从事科普实践的人并没有太多的机会去阅读此类文献。就像诺丁汉大学的科学传播专家在一篇博文中写到的那样：

"在告诉科研人员该如何去传播，传播什么，以及为何传播上，学术圈开始繁荣起来。对这些领域的研究开始激增，然而不幸的是，这些研究的结果仍然在很大程度上存在于科研人员不会去看的学术期刊中，而且其语言也是科研人员可能不会真正理解的。因而在那些仍然从事传播的人与那些想告诉他们如何传播的人之间存在着某种隔阂。"

也就是说从事传播研究的人所研究出来的成果并未被从事传播实践的人所用，这一方面是资源的浪费，另外一方面也会让传播达不到理想的效果。

在科学传播上有一句话叫未进行传播的研究是未完成的研究。从培训的角度来说，它可以有双重含义，一是科研成果如果不能传播给公众的话，那么这样的研究就是没有完成的；二是科普研究的成果如果不能为科普人员所用的话，那么这样的研究也是没有意义的。所以这两个方面都应该是科普培训的应有之义，也就是用研究科普的人所产生的成果去培训从事科学研究并且打算对研究成果进行传播的人，以及让一些从事科学研究的人利用培训中习得的技能去传播他们的成果。

2021年，国务院印发了《全民科学素质行动规划纲要（2021—2035年）》，为我国当前及今后一段时期推进全民科学素质建设明确了行动指南。该文件指出了在"十四五"时期实施5项重点工程，其中之一就是"科技资源科普化工程"，也就是说，"建立完善科技资源科普化机制，不断增强科技创新主体科普责任意识，充分发挥科技设施科普功能，提升科技工作者科普能力"。而提高科技工作者的"能力"实际上就涉及培训的问题。2022年9月，中共中央办公厅、国务院办公厅印发的《关于新时代进一步加强科学技术普及工作的意见》也提出要"广泛开展科普能力培训，依托高等学校、科研院所、科普场馆等加强对科普专业人才的培养和使用，推进科普智库建设"。

当然，不可否认的是，当前的培训还尚未形成完整的体系，而培训需求的旺盛则在倒逼培训体系的快速形成，并不断迭代升级。

科普人员需要哪些方面的培训?

科普人员每天都要面临不同的媒介形式,他们也会利用各种媒介形式开展科普工作,因而科普人员应该是一个多面手,他们需要知晓和运用各种传播手段。

科普人员应该具备的技能包括但不限于从科普文章写作到科普演讲,从接受媒体采访到自己运营新的媒介平台,从将科研成果转化成媒体和公众理解的语言到传播科学方法和科学精神,不一而足。这些都应该是培训的内容,也应该是科普培训重点关注的方向。

从目前来看,国际上有很多高校和社会机构设立了科普培训课程及项目,为有志于从事科普的人员提供相应的支持,以提升他们的各种技能和能力,从而更好地改善科普的现状。

当然,还有另外一个更深的层次,那就是科普人员需要理解科学与社会的关系,科普的伦理等。这也是系统性的科普培训需要考虑的方向之一。

科普培训涉及的范围很广,层次也很多,所以科普人员可以根据自身的需求加强相关方面的培训,磨炼自己的技能。

比如,如何与媒体打交道就是一项科研人员急需了解的议题,虽然科学家与媒体之间存在着某种程度的隔阂,但是造成这种误解的原因并不能单纯地归咎于媒体从业者科学素养不足。至少在一定程度上也是由于科学家不了解媒体导致的,通过科学家与媒体记者的角色互换,或者共同工作,可以有效地改善科学家对媒体从业者的刻板印象,从而培养合作意识,也有利于将深奥的科学解释给目标受众。

不过,在具体技巧方面的内容会比较多,本书也将有单独的一个部分专门介绍做好科普的方式与方法。

第 06 章

普通人与科学

科学是使人的精神变得勇敢的最好的途径。

——布鲁诺

· · ·

    不能否认的是，科学和技术已经融入我们生活的各个角落。我们每天都在接触科学和技术产品，如果离开了网络和电脑——这也是一种在科学研究的基础之上产生出来的技术产品，我根本不可能把打印好的稿子送到编辑手中。

    当遇到生活中需要进行决断的事情时，我们也会调用大脑中已有的科学技术知识和相关证据，当然也会考虑我们的经验，同时在查阅参考其他资料的基础上，做出认为最符合个人预期的决定。

    食用转基因食品是否安全？接种疫苗到底会不会导致孤独症？气候变化是不是人类活动导致的？在我家周围建设的垃圾填埋场或者核电站是不是会给我带来某些身体上的伤害？手机辐射的影响到底有多大？雾霾天气到底是什么原因导致的？等等。这些问题都需要科学的证据，也需要科学家用自己的专业知识提供解答。

人们是怎么看待科学的？

    著名的天体物理学家，同时也是影响了很多人的科学传播专家卡尔·萨根曾经说过，"我们生活在一个完全依赖科学和技术的社会中，然而几乎没有人了解这些科学和技术。"

    "随风潜入夜，润物细无声"。科学总是不经意地潜入到我们的日常生活之中，但是我们却不自知。

当我们问人们科学重不重要时，想必绝大多数人都会给出肯定的回答。因为我们常常听说的一句话，就是"科技让生活更美好"！但如果我们继续追问下去，科学的重要性体现在哪些方面，也许答案就会存在巨大的差异，甚至有些人并不能直接给出科学对于自己重要的证据。又或者他们口中的科学实际上是一种技术产品，是手机，是数码相机，是汽车，是其他什么东西，唯独不是这个问题中所提及的科学。

或者如果你问他们在家或在工作场所谈论科学的频率，或者他们在电视上看科学节目的频率，又或者是在报纸上看有关科学的内容的频率，又或者在短视频平台上搜索科普内容或与科普视频不期而遇的频率的话，想必结果也不会太令科普工作者满意。

就像前面那句话说的一样，在普通人看来，让生活更美好的是"科技"中的"技"。当然已经有学者用很多的文章讨论了科技中的科学和技术，但是对普通公众来说，科学和技术有时候还是"傻傻分不清楚"。

虽然科学构成了很多东西的基础，但是在公众的眼里，他们关注的或者说感兴趣的是一般意义上的科学，而非某个具体的领域。

如果你不相信这个事实的话，我们不妨用数据来说话。

2015 年 9 月 19 日，中国科协公布了第九次中国公民科学素质抽样调查的结果，显示我国公民支持科技事业发展并对科学技术的应用充满期望，超过 80% 的公民赞成"现代科学技术将给我们的后代提供更多的发展机会"和"科学技术使我们的生活更健康、更便捷、更舒适"的看法；超过 75% 的公民赞成"尽管不能马上产生效益，但是基础科学的研究是必要的，政府应该支持"和"科学和技术的进步将有助于治疗艾滋病和癌症等疾病"的看法。总体上来说，国人对科学和技术的态度非常积极。

此外，人民论坛问卷调查中心于 2019 年 5 月 17 日至 2019 年 5 月 24 日对 4005 位公众进行调查后发现，25.45% 的受访者表示自己对"学习和理解科学"这件事"非常有兴趣"，45.41% 的受访者表示"比较有兴趣"，

17.19%的受访者选择了"一般"，8.63%的受访者表示自己对学习和理解科学"基本没兴趣"，还有3.32%的受访者明确表示自己"完全没兴趣"。

接下来，我们看看其他国家的一些数据。

澳大利亚联邦科学与工业研究组织（Commonwealth Scientific and Industrial Research Organisation，CSIRO）在2014年开展的一项调查显示，40%的人对科学不感兴趣。同时澳洲国立大学的公众科学意识中心（Centre for the Public Awareness of Science）在2017年开展的另一项调查发现，人们说自己对科学发现非常感兴趣的比例（60%）要多于说自己对音乐（38%）、电影（30%）或体育新闻（19%）非常感兴趣的比例。

皮尤研究中心（Pew Research Center）2015年的一项调查发现，美国人的科学知识也不算太糟糕——76%的被调查者正确地回答出了海洋潮汐是由月球的引力牵引所产生的，73%的被调查者能够将占星术与天文学区分开。与国际排名相比，美国人在绝大多数问题上的知识远远超过印度、日本和俄罗斯。

2000年至2011年，英国共开展了4次公众对科学的态度调查，其目的是研究英国公众对科学、科学家和科学政策的态度。2011年5月2日，由英国商业、创新和技能部（BIS）委托实施的《公众对科学的态度2011年调查报告》(The Public Attitudes to Science 2011 survey）出炉。结果显示，82%的受访者认为"科学在他们生活中占有很大分量，以至于对科学产生兴趣"；86%的受访者认为"对科学的发展感到吃惊"，这些比重比自2000年以来，有了稳步的提高。受访者对"科学对于经济增长"也持积极的态度。

通过各个国家的系列调查，我们可以发现，绝大多数公众对一般意义上的科学持较为积极的态度。但是如果涉及具体议题，可能这些态度会发生变化，甚至出现极化，比如气候变化、转基因、免疫接种等。

当然，我们有时候也会提到公众理解科学，那又该怎么理解"理解"这个词语呢？

　　这可能意味着各种不同的正式知识或非正式知识，但也可能是许多其他的东西，或多或少和建构密切相关，包括意识、兴趣、专注，甚至是同情。莱温斯坦在《二战后美国的"公众理解科学"的含义》(*The meaning of 'public understanding of science' in the United States after World War II*) 这篇论文中指出，美国战后的公众理解科学中的"理解"，实际上是公众"欣赏"科学。同时"理解"也应该是彼此的，在呼吁公众"理解"的同时，也有必要关注科学家的"理解"，尤其是对公众的"理解"。

　　实际上，大量的研究表明，公众并不是对科学一无所知的空瓶子，而且他们在科学上的态度和看法会受到诸多因素的影响，比如既有知识、价值观、情感等，这些都是科学传播活动过程中需要关注的，否则效果必然会大打折扣。这也许就是克里斯·穆尼（Chris Mooney）撰写《科学家真的理解公众吗?》(*Do Scientists Understand the Public*) 一文的原因所在。

人们是怎么看待科学家的?

　　当然，科学是由科学家群体生产的，但是人们对科学的看法并不必然代表着对科学家的看法。

　　后真相（post-truth）成为 2016 年牛津词典年度词，官方定义"后真相"的意思是指相比于客观事实，情绪和个人信仰更能够影响舆论。也有人总结了后真相时代的特征：成见在前事实在后；情绪在前客观在后；话语在前真相在后；态度在前认知在后。甚至有人认为，我们如今生活在一个所谓的后真相、后信任、后专家的世界中。

　　如果让你说出心目中的科学家形象，你会怎么描述呢？是穿着白大褂在实验室里埋头苦干；还是不修边幅，邋里邋遢；又或者是只关心发表顶级科研成果，不问世事；又或者是……

　　种种答案可能就代表着人们对科学家的刻板印象。

　　斯图尔特·艾伦在《媒介、风险与科学》一书中曾谈到过儿童心目中的科学家形象：

以英国莱切斯特和澳大利亚珀斯的儿童为调查对象，结果发现 8～9 岁的儿童多数认为科学家是"中年白人男子，从不知道快乐为何物"（BBC News On-Line，2000 年 12 月 16 日）。当要求孩子们画出其心目中科学家的形象时，一些明显的模式就出现了。研究人员发现，"男孩子都没有画出女性科学家，偶尔有个别女孩画出女性科学家"，与此同时，"黑人或亚洲学生很少画出黑人或亚洲肤色的科学家"。英国巴斯大学的研究人员在更早以前的一项研究中，访谈了 250 多名 15～17 岁的年轻人，同样发现科学家的形象是负面的（BBC News On-Line，1999 年 12 月 21 日）。具体来看，科学家们一再被认为是"乏味""一味沉迷工作"的人，他们行为怪异、想法疯狂，把绝大多数时间都花在实验室里。

而影视作品中的科学及科学家形象也在一定程度上影响甚至是塑造了公众对科学和科学家的认知。当然，研究显示，过去 25 年间流行文化中科学家的形象发生了向好的变化（从恶棍转向了英雄）。同时作为一种机构的形象的科学，它的变化要复杂得多。1990 年以前开展的研究揭示了一种流行的文化景象，表达了 20 世纪期间对科学根深蒂固的恐惧。近期研究证明，如今也能在生物技术和克隆等最近的科学进步中，发现伴随着 20 世纪 50 年代的原子科学和 80 年代的计算机科学而出现的同样焦虑。

2015 年国际学生能力测试（PISA）的结果显示，中国"将来期望进入科学相关行业从业的学生比例"仅为 16.8%，这一比例不仅低于美国的 38%，也远低于该组织成员国 24.5% 的平均水平。与此类似的是，中国青少年研究中心 2013 年底也曾开展过类似调查。通过对全国 5696 名中小学生的调查发现，只有不到 1/3（32.3%）的高中生将来想从事与科学相关的工作，比美国和韩国少 17 和 12 个百分点，这两个国家的数字分别是 49.3% 和 44.6%。

鉴于这种情况，很多人都在疑惑，究竟是谁偷走了孩子们的"科学梦"？

如果说这个数据只是表明了在校中小学生对科学家的看法，那么成人对科学家的看法又如何呢？

十多年前，中国科普研究所发布的《2004 中国科普报告》表明，科学家在公众心目中的地位有所下降。"科学家的声望在 2001 年是 63%，排名第一，而 2003 年则降为 57.5%，排在教师之后位居第二。"

2018 年，中国公民科学素质调查的主要结果显示，在所列的 11 类职业中，职业声望排在前五位的分别是教师（55.5%）、医生（52.4%）、科学家（48.6%）、公务员（24.8%）、工程师（24.8%）。同时排在前五位的公民最期望后代从事的职业依次为：医生（52.1%）、教师（51.1%）、公务员（35.3%）、科学家（32.7%）、工程师（25.0%）。

由罗伊·摩根（Roy Morgan）于 2017 年在澳大利亚开展的一项民意调查发现，护士连续 22 年蝉联最信任的职业的首位。紧随其后的是药剂师、医生、工程师和学校老师。同样是护士排在首位的调查还有由盖洛普（Gallup）在 2018 年于美国开展的一项民意调查。

但是这两项调查的选项中都没有科学家，难道就其本身来说科学家甚至都不能被认为足够重要到可以放到这个职业名单中吗？

不过也有一些着眼于公众对科学家的信任的调查，比如易索普莫里调查公司（Ipsos Mori）于 2017 年在英国开展的一项民意调查发现，83% 的公众认为科学家是值得信任的（不过护士再次名列榜首，91% 的人信任护士）。2014 年，澳洲国立大学开展的一项民意调查显示，71% 的受访者信任科学家。2016 年，美国国家科学基金会（National Science Foundation）在美国开展的调查发现，更多的受访者对科学领袖表达出了"非常大的"信任，超过了对除军队之外的任何机构的领袖的信任。

通过这些数字我们大体上可以了解到，公众对科学家还是比较信任的，但是现实情况是否与调查结果保持一致呢？

我们不难发现，公众对科学家还是有一些抱怨或者说消极看法的，尤其是当面临争议性议题的时候，比如转基因，气候变化等。

一部分原因在于媒体报道建构的影响，因为媒体在报道争议性议题的时候会奉行平衡性的策略，而往往很多时候这是一种虚假的平衡。他们习惯于对一个话题呈现正反两方面的看法和观点，而实际上往往持不同政见者所占的比例非常低，而这些持不同政见者有时候也并非所讨论的话题领域的专家，就像柯林斯等人所认为的那样，我们有必要探讨"专业知识的元素周期表"，也就是区分普遍型专业知识（Ubiquitous Expertise），专家型知识（Specialist Expertise）和元专业知识（Meta-Expertise）。

还有一部分原因是科学家没有及时地出来发表看法，反而让非专家们抓住了有利时机，假借科学的名义传播了不科学的主张，但是对于普通人来说，这笔账往往会算在科学家的头上，因而也就对科研人员有了一些非常恶俗的称呼，比如"砖家""叫兽"等。

如果还有其他原因的话，可能是科研人员确实在某些情况下发表了脱离情境的或者过于夸张的陈述，当然其中涉及一些科学媒体化的问题，比如在 2020 年初的新冠肺炎疫情期间发生的双黄连抢购中，我们就可以清晰地看到，某些从事研究的人发表了一些言论，然后经由权威媒体发布并引发了公众非理性的举动，这不仅损害了科学的严肃性，也让公众对科学家群体的信任出现了问题。

第 07 章

传播科学，信任先行

公众的信任不能随便托付给人，除非这个人首先
证实自己能胜任而且适合从事这项工作。

——马·亨利

信用既是无形的力量，也是无形的财富。

——（日）松下幸之助

· · ●

当你的一个好朋友跟你说"我姑姑邻居家侄子的小孩的一个朋友注射了某种疫苗，结果很快就有了某种后遗症！"之后，你对此是否持一种"宁可信其有，不可信其无"的态度呢。

1998 年，英国胃肠病学家维克菲尔德在知名的科技期刊《柳叶刀》杂志上发表了一篇论文，声称有 8 名患儿在接种了麻风腮三联疫苗后出现了孤独症的症状。因而维克菲尔德认为，麻风腮三联疫苗导致了某种慢性肠道感染，从而影响了孩子的大脑发育，导致了孤独症。后来这个研究被证实了是存在着严重缺陷的，而作者维克菲尔德本人的研究也存在着未曾披露的利益冲突，因而《柳叶刀》杂志撤回了这篇论文。虽然伪造麻风腮三联疫苗与自闭行为之间关联的维克菲尔德已经被科学界所不齿多年了，但是这样的信息依然会让某些反疫苗人群深信不疑。

正如本章开头所杜撰的那个例子一样，很多人可能都会有这样类似的经历，他们会相信某些人传递的未经证实的信息，甚至是毫无科学依据的信息，原因何在？这实际上涉及了信任的问题。人们会把信息与信源关联起来，并且会基于对信源的信任而相信信息，换句话说就是，人们往往会根据对某个人的信任而相信他所传播的信息。

科普离不开信任

罗伯特·西奥迪尼在《影响力》一书中也表达过类似的观点，"我们不是先思考专家的论点，看看值不值得相信，而是直接忽视论点，仅仅因为'专家'是专业人士，就选择相信他们。"但是随着后真相时代的到来，人们也越来越不相信某些专家，这在一定程度上导致了"专家之死"。

应该说，我们每天都在跟科学打交道，我们每天都在使用科学，但是使用并不一定就等价于相信，使用科学并不必然意味着相信科学。

对于传播科学这项事业来说，我们在开展相关活动的时候，其首要前提就是要与目标人群建立起信任关系。如果科普人员不能获取到受众的信任，那么无论你所传达的事实有多么坚实的科学基础，你都无法让他们相信你所说的是真的。这样的结果可能会适得其反，甚至会引发所谓的"逆火效应"。当然，在谈及信任时，我们需要清醒地认识到，不是你认为你自己有多值得信任，而是受众认为你有多值得信任。人们会用这些判断，或者称为"情感启发式"来决定关注什么信息，以及如何看待这些信息。

学者们一致认为信任是公众对某个新事物形成态度的重要因素。传统上，公众主要通过各种媒介渠道获取科技信息，而在科学方面具有一定专业知识且受公众信任的媒体将同行评议后的论文"转化为"科学新闻，公众则通过获取这些信息形成、扩充或者完善自己的科学认知。如果公众不信任这些传播渠道，那么他们也不太可能相信这些渠道上所负载的科学信息。其实科学与公众的关系更像是一场婚姻，需要彼此信任，而一旦信任丧失，可能会给公众理解科学和研究带来重大影响。

因此，对于目标受众来说，他们最初关注的不是你关注什么，而是你关注他们。也就是说，人们最相信那些他们认为其价值观反映了他们自己价值观的人。在研究人员戴维·基普尼斯看来，用进化心理学上的术语来说就是，我们往往信任与我们有共同基因库的那些人。与其他形式的传播一样，对科学进行的传播中，受众会决定信息来源或他们所代表的机构是否值得信任。人们会利用这种评估来决定什么信息值得他们关注，并经常决定他们对那些信息会怎么想。这实际上都表明了信任是对科学进行传播的第一步。

信任是一种调节变量

研究表明，人们对科学信息采取行动的意愿会受到信任的影响。信任对于人们对科学的认知以及他们解读科学信息的方式都是十分重要的。如果目标受众信任传递信息的人，那么他们也会自然地信任信息传递者所传递的信息。而如果在传播的过程中使用了受众并不使用或不理解的词语，那实际上就是在传者与受者之间构筑起了"藩篱"，制造出了距离感。如此一来，联系的建立和信任的构建就会出现问题，这也是我们建议在科学传播的过程中需要用公众能够理解的语言的原因所在。

那么不信任是信任的反面吗？依照很多人的直觉来判断，答案应该是肯定的。但是直觉往往靠不住，因为不信任往往不是信任的反面，它也不是信任的缺失，它更多的是以可信性的缺失为基础的，或是以感知到的欺骗意愿为基础的。所以用罗丝·麦克德莫特的话来说就是，"如果我们真想让公众信任科学，我们就需要创造一个值得信任的科学体系。"我们需要提供具有可信性的信息，不能夸大科研成果，也不能断章取义。

当然，受众对有关科学的信息来源以及科学本身的信任会受到多种因素的影响，这包括个人因素和社会因素，比如收入、社会经济地位、社会资本、教育水平和知识等等。信任的建立比较困难，但是却非常容易丧失，而一旦丧失就难以再次获得。这似乎有点"人不能两次踏进同一条河流"的味道。

就此而言，信任是一种社会资本，是一种类似于货币一样的"硬通货"。

我们不妨把对科学进行的传播理解为一种关系，一种动态的、富有张力的关系。在这种关系中，传授双方都需要付出努力，不论是认知努力，还是其他方面的努力，只有这样才能让这种关系持续存在，并且不断地发展演进。而从科普人员本身来说，要维系住这种关系，那就需要在信任的建立上投入时间和精力。因为只有目标对象信任你，他们才会相信你要传播的信息。

正所谓"欲人爱己，必先爱人；欲人从己，必先从人"。

塑造信任，推动科普良性发展

在一些触发公众敏感神经的社会热点事件中，公众的情绪往往出现一边倒的情况，而社交媒体平台上此起彼伏的评论则会进一步引发公众的关注、转载和评论，但是我们也可以看到的情况是，几乎没有人去客观地看待自己接触到的信息，而是陷入一种群体狂乱或者说过度自信的状况，因为"宁可信其有，不可信其无"的想法一直在我们的头脑中作怪，让我们不愿意花时间去区分事实和观点，毕竟这很费脑子。

之所以出现上述情况，信任在其中也发挥了重要作用。特别是涉及科学的时候，我们会出现"知识的错觉"，我们会把这种信任寄托于科学共同体，或者说我们倾向于让我们信任的人替我们去做某种决策，而自己则以第三方的姿态来"置身事外"，而一旦发生了让信任关系遭到破坏的情形，作为第三方的我们则会走向另外一个极端，无论再说什么都不信了。这样反复几次就会出现"塔西佗陷阱"。

信任很容易丧失且难以获取。从科学家和科学的传播者的角度来说，他们经常哀叹公众缺乏对科学的信任，但是却忽视了如果科学出现某些错误会给公众的信任带来什么样的冲击和危害，当然有时候科学也会被某些不法分子当成谋财害命的工具，他们以科学之名行欺世之举。而且大多数时候我们认为公众的信任具有天然的属性，认为它是自然而然产生的，殊不知信任也是需要进行获取和培养的。一旦这种信任关系出现裂痕，再次进行修复就将难上加难，三鹿奶粉事件给国产奶粉带来的不是短期阵痛，而是市场消费的长期乏力，其中也能看到公众信任缺失的影子。

当然还有其他方面的原因会让我们对科学的信任受到威胁，比如，科学是一个不断渐进的过程，在这个过程中，已有的结论可能会被修订，完善，甚至是彻底推翻，这也会让公众误以为科学失灵了，进而丧失对科学和科学共同体的信任。再比如，随着科学的不断深入，很多前沿的领域并非普通公众能够完全理解和掌握的，甚至是同我们的日常直觉相冲突，这会让我们产生认知失调，再加上某些企业或者商家利用这些"高大上"的概念来包装推销某些并不科学的产品，损害了科学在公众心目中的形象，进而会疏远科学与公众之间的关系，导致信任进一步被侵蚀。

所以，科学越是发达，科普越应该跟上脚步，但是对科学进行传播的第一步应该是建立信任，而不是上来就单刀直入地大谈特谈科学，如果双方不能建立起信任关系，那么出现的后果就是"对牛弹琴""驴唇不对马嘴"，毕竟"在开口之前，必须学会倾听。要让你自己被别人理解，你首先要理解别人"。

当然，要维持或者说重建公众对科学的信任还需要付出很多努力，一方面通过不断地开展科普工作，提升公众的科学素养，让他们具有科学态度，理性，精神等，从而能够在进行个人决策时运用科学思维，这样就不容易失掉个人的立场；另外一方面，科学共同体也有必要通过各种途径加强与社会之间的关联和融合，毕竟科学与社会并非是割裂开来的，它们之间的关系也受到各种因素的左右，科学影响着社会，社会也塑造着科学。只有让科学与社会真正地融合起来，才能形成积极向上的科学文化。诚然，有关机构也不能袖手旁观，毕竟有关体制性信任的问题更多地指向了它们，只有不断地完善体制机制，形成良性循环运行的体制，才能获取并维系好公众的信任。

在信息时代，特别是以互联网为代表的新兴媒体极大地丰富了公众获取科技信息的渠道。同时公众也开始根据自身需求主动地检索和获取信息，公民科学意识的提升呼吁对科学不仅要"知其然"，更要"知其所以然"，公众会根据自身的立场和需求来获取科技信息，特别是在争议性事件发生后，公众对相关信息的需求会更加迫切。每当这个时候，网络上就会充斥各类谣言和虚假信息，公众往往陷入选择困境，甚至会因为轻信谣言而最终失去了对科学的信任。长此以往必然会导致科普的效度下降，影响公民科学素质的提升。如果科学共同体不能及时发出声音，科普的"失语"现象便会出现，同时也会让公众对科学的信任和态度大打折扣。

公众对科学的态度是复杂和非线性的，公众对科技的态度呈现出很强的社会语境特征。马丁·鲍尔教授在对欧洲和印度的比较研究中发现：对于处在工业化进程阶段的社会而言，公民的科学素质水平越高，对科技的总体看法和态度更加肯定和乐观；对于后工业化社会而言，公民的科学素质水平越高，对科技的总体看法和态度则更消极和负面。2015 年我国第九次公民科学素质调查显示，我国公民支持科技事业发展并对科学技术的应用充满期望、公民对科技新闻的感兴趣程度较高、科学技术类职业在我国公民心目中的声望较高，同时具备科学素质的群体更加关注并积极支持科技事业发展。这在一定程度上说明我国公众对于科学的态度比较积极，整体上对科学（家）也比较信任。

在当代社会中，科学并不是唯一存在的话语，而是思想市场上一种可供选择的话语，当然相较于其他话语来说，科学不仅仅是一个知识体系，更是一种思维方式。同时，我们也要承认，作为一种调节变量，信任是对科学进行传播的基础，而今科学和公众（社会）的关系已经发生了变迁，而科学和社会也一度被描述为"存在距离""有代沟""有障碍""水火不容"以及存在着"创造性张力"。从社会上并存的各种话语体系来说，科学（界）作为民主社会的一员，在科学与社会的相关性上，并不比其他知识（人群）具有更高的发言权。而公众也倾向于信任那些与他们有共同价值或者动机的人们，再加上选择性记忆、选择性遗忘和负面偏好等也会给公众对科学的信任带来损害，进而形成对科学不友好的态度。这也正是"贩卖怀疑的商人"通过"生产怀疑"而导致了"怀疑的胜利"的原因所在。

因而为了再次赢得公众对科学（家）的信任，需要倾听公众的观点，和公众开展对话，通过对话重塑公众对科学和科学家的信任。马西米亚诺·布奇等甚至认为，公众参与可以被看作是三向的，因为公众彼此交流互动，同时也与科学（家）进行着互动。而在此过程中，信任是态度的基础，态度是行为的基础，因而维护信任是对科学进行传播、提升素质的重要前提。

第 08 章

你的受众是谁？

"一千个读者就有一千个哈姆雷特。"

——威廉·莎士比亚

横看成岭侧成峰，远近高低各不同。

不识庐山真面目，只缘身在此山中。

——苏轼《题西林壁》

···

不论是任何形式的科普，我们都需要首先解决一个问题，那就是科普到底是面向谁开展的，也就是科普的目标对象。

到底谁才是科普的目标对象呢？

答案可能出乎意料。

科普的受众包括工人、护士、医生助手、病人、厨师、球场管理员、园丁、程序员、士兵、海员、农民、学生、林务人员、交通规划者、教师、消费者、喜爱公园的人、管理公园的人、车主、骑行爱好者、飞行员、环保人士、自然资源管理者、电子产品的设计者和用户，以及所有需要医疗服务、交通、住宅、工作以及食品的人，当然也包括科学家，因为有研究表明，科学家也是通过科普的渠道获取与科学相关的信息的。

总之一句话，所有人都是科普的受众。又或者说大众和公众就是科普的目标对象。但是，我们还应该明白，从传播学的角度来说，大众是不存在的，我们面临的是分众。

上面我们既提到了受众，也提到了公众和大众，因而有必要对此进行一些拆解。

拆解公众

受众是科普的一个重要环节，没有受众，科普自然难以发挥出其"意欲"达到的效果。应该说"受众"是一个非常宽泛的术语，甚至说不存在一个明确界定的"受众"，如前所述，任何人都是科普的受众。

前面的章节已经说过，1985年的《公众理解科学报告》吹响了"公众理解科学运动"的号角，虽然各国随后积极行动起来，出台各种措施和政策推动公众对科学的理解，其中涉及我们该如何理解"公众""理解""科学"三个词语的问题。在这一部分中，我们只谈"公众"以及大众和受众，关于其他两个词语的问题会在其他章节中提及。

那么谁又是公众呢？实际上每个人都是公众的组成部分。

从科普的角度说，与公众相对的就是科学家，但是在公众与科学家之间并不存在简单的二分法，因为离开自己专业领域的科学家也可能是普通公众的成员，他们自然也就成了公众的一分子，也是科普的受众之一。即便我们用二分法区分了公众与科学家，我们也必须承认公众是一个异质且多元的存在。

因而，可以说在科普中，公众和受众指代的是同一批人，不过他们在科学大众化的不同阶段是不同的，至少其需求是不同的。

在传统科普阶段，受众被看作是同一化的，他们缺乏必要的科学知识，因而需要用科学知识去填平这个"缺失"，并没有考虑到受众是否真的需要这些知识，或者说不同的受众是否需要不同的知识。随着研究的深入和实践的发展，科学共同体开始认识到受众并非"铁板一块"，他们对科学的理解还受到其信仰、价值观、态度、常识等众多因素的影响。虽然在公众理解科学阶段仍然强调"公众"对科学的理解，但是却很少提科学家对公众的理解；而进入到所谓科学传播阶段后，特别是随着信息技术的飞速发展，公众获取科技信息的渠道不断拓展，科学共同体也逐渐认识到需要加强对受众的重视和相关研究。以往的研究很少把精力用于研究传播对象，只是想着怎么把系统的科学知识分解和软化，在包装上下功夫。至于传播对象，只是笼统地定位为"大众"。这样做科普，就像把水泼到沙子里——虽然很努力，但是没什么反响。

做科普的时候，最重要的并不是研究知识，而是研究受众。只有尊重和了解读者的每一个认知习惯、知识结构、知识层级，清楚他处在什么样的认知地位，你才有可能"对症下药"。

受众的多样化

正所谓"物以类聚，人以群分"。

当前科普的受众是一个同质性小组形成的异质性整体。科普的受众范围广泛，层次不同，对科学的兴趣不同，获取科学的目的也是不同的。

泰森在一本书中曾经这样写道，纵观近代史，看到科学成功地解释了自然现象，人们的反应不外乎四种。首先，一小部分人真心实意地认为科学是我们理解自然的最好办法，他们不打算寻求其他诠释宇宙的方式。第二种人对待科学的策略是无视，这些人觉得科学无聊、晦涩或者不符合人类的天性。第三种人意识到了科学与自己珍视的信念之间的冲突，所以他们积极地想要证伪那些冒犯或触怒自己的科学结论。第四种人一方面接受科学对自然的解释，但从另外一方面来说，他们依然相信，宇宙的主宰是一种我们无法完全理解的超自然的存在。

这其实也是某种程度上的受众细分。

2014 年 6 月 28 日，中国科学院动物研究所研究员王德华在科学网博客的一篇博文中写道："科普的受众有不同的类群和层次，如对幼儿群体，对小学生群体，对中学生群体，对大学生群体，对成人大众群体，对成人专业群体等。不管是什么级别的专家或教授，自己专业领域之外的知识，都需要科普。"

2018 年 6 月 7 日，中国科普研究所发布了《中国科普互联网数据报告 2017》，报告显示，当前的网络科普受众具有移动化、年轻化和不断细分的特点，网民主要通过移动终端获取科普信息，18～40 岁的青年人群是科普的主要受众，占比超过 70%；网络中的男性科普受众多于女性，特别是在话题的引导性上超过女性。

我们可以借助于营销领域的细分市场研究的模式，将科普的受众进行区分，只有搞清楚自己的目标对象和受众，我们才能有的放矢地对科学进行传播，并且达到预期的效果，否则就有对牛弹琴之嫌，但是却不清楚是牛错了，还是弹琴的人错了！

比如，2000 年至 2011 年，英国共开展了 4 次公众对科学的态度调查，其目的是研究英国公众对科学、科学家和科学政策的态度。2011 年的调查采取了面对面的方式，共采访到 2103 个成人，同时也对部分公众的态度进行了聚类分析。

该分析把公众细分为 6 个不同的群体，分别是自信的参与者（confident engagers），持怀疑态度的参与者（distrustful engagers），晚期采用者（late adopters），关心者（theconcerned），松散型的怀疑者（disengaged sceptics）以及漠不关心者（the indifferent）。

具体来说，14% 的人隶属于第一类。他们自认为充分地参与并了解科学，同时对科学和科学家具有积极的态度，但是也担心媒体会利用耸人听闻的方式来处理科学。13% 的人隶属于第二类，他们倾向于积极地参与科学并认为对科学了解很多，认为科学有益于社会，但是对于从事科学研究的人不太信任，也不信任政府有能力来对此进行管理。第三类人的比例大概为 18%，一般是 16～34 岁的女性，她们在校期间不太喜欢科学，但是现在对科学却有浓厚的兴趣，并且对于更多地参与科学决策的兴趣也很大。她们对环境议题和伦理议题更加关注，因而当科学和她们的日常生活相关的时候，她们更容易参与进来。这个群体的人也更喜欢利用网络和社会媒体，这为她们参与科学提供了更有用的方式。而让这个群体的人参与进来的另外一种方式就是借助于她们的孩子，比如鼓励母亲们更多地参与她们子女在学校的科学活动。约占总人口的 1/4 隶属于第四类。这个群体的成员往往是 16～24 岁的女性，不太富裕的人群以及黑人和少数民族。这类人对科学的益处不太确定，他们更强调宗教和信仰。第五类是最难以奏效的类别，他们认为科学对他们来说过于复杂，难以理解，同时对科学也不太感兴趣。由于他们不太理解科学，所以他们的态度更加保守。比如 79% 的人认为"在完全证明一种药物不会有任何副作用之前，政府应该延迟新药的面世"。最后一类是参与最少，对科学也没有特殊兴趣的人。他们通常年纪较大，有 47% 的人都是赋闲在家的。他们获取科学信息的方式仍然是传统的渠道，比如电视。他们对行业术语和技术术语感到厌烦，并且对科学漠不关心。

　　从国内的情况来说，在提高科学素质的相关工程和工作中，我们提出了包括青少年、农民、产业工人、老年人、领导干部和公务员在内的"五大人群"，科学传播也从传统科普的"泛播"过渡到"窄播"，然而科普或者说科学传播的受众应该是细分的，虽然隶属于同一"人群"，他们在科普方面的需求却是千差万别的，正因为这种异质性，当前的科普难以用一种方式或者内容满足所有人的需求。正如欧阳自远院士早在 2012 年的一次采访中就曾表示过，"近 5 年作了 200 多场科普报告，版本高达 20 多种，从小学到初中、高中、大学、研究生，连官员、院士的版本都有。"

　　在传播学上，受众研究是一个重要的领域和方向，其中的很多理论对科普具有重要启示和参考价值，比如个人差异论就认为因为兴趣、态度、信仰和价值观的差异，人们接受信息的反应就会存在不同。

　　鉴于在科学的大众化过程中我们缺乏对受众的研究，所以在当前阶段更应该加强以受众为中心，开展量体裁衣式的科普。公众对科学的需求也是一种消费行为，同时公众已经发展成为一种"精众"，"千人一面"的趋同性和一致性的大众消费时代正在式微，高度细分的族群化、小众化和个性化消费驱使着"精众时代"的到来。在消费需求为"首先满足必需的"大众市场时，消费还只是简单的物理功能需求；但是在精众市场，满足的消费需求得是"想要的"，是必需的基础需求和想要的升华需求的结合。而科普要从提高自己的"注意力"转向"影响力"，传播的变革也应从漏斗模式转变为波纹模式，为此必须抓住"精众"，也就是对科普的受众进行多层面的细分，或者说，要从关注同一性转向关注多样性。

第 09 章

为什么传播科学是『困难的』

科学通常用不熟悉的事情来解释熟悉的事情。

——刘易斯·沃尔珀特

困难在很大程度上是懒惰造成的。

——塞·约翰逊

· · ●

2020 年 7 月，有一位知乎网友提出了一个问题："如何看待曾经的'天才神童'袁岚峰，现在也只是做简单的科普工作？"袁岚峰对此也作出了一些回应。他尤其提到，"不过让我哭笑不得的是'简单的科普'这个说法，有不少人对科普的价值和方法论一无所知，这才是我们社会的大问题。"

当然，我们把这个话题放在这里是想表明，传播科学或者说科普并不是像这位网友想象得那么简单，毕竟科普也是有一定的理论和技术的。现实中也有很多人在努力地做着科普但是效果并不理想。

究其原因，是他们把科普看得太简单了。甚至一度还有这样的说法：科研做不好的人才去做科普，科普是"小儿科"。这其实是对科普的一种刻板印象。

认为科普简单的人一定没做过科普，只是理所当然地认为科普很简单，这也许就是"站着说话不腰疼"吧。

凡事都是知易行难的。你认为很简单，实际上并非如此，甚至有时候你只不过是"眼睛会了"。而一旦真真正正地去做，就会发现它并不简单，甚至是困难的。科普也是一样，它需要一定的理论支撑，需要有丰富的知识储备，要有善于表达的欲望和技巧，以及能够把复杂的语言用通俗易懂的方式表达出来，等等。不一而足。

我的一个朋友曾经在朋友圈发过这样一句感叹：科普书很难写，往往会在对普通读者的晦涩与专业背景读者的无聊间摇摆。这实际上也表明科普并不简单。就拿写科普文章来说，把高深的科学道理通俗易懂地叙述出来，让普通读者能懂，这不是每个人都能做到的。如果写得太浅了，专业人士认为没水平，而如果写得太深了，普通读者看不懂，又认为这是在卖弄学问。所以好的科普要摆脱外行看不懂，内行不爱看的状况；要内行说你说得对，外行说我听懂了。钱学森就曾多次提出科技人员要"用形象的语言来表达你要说的科技问题""用形象、通俗易懂的语言表达好专业科学知识"，也就是要具备"三言两语讲清问题"的能力。

　　总之，科普并不简单，认为科普简单的一定是没做过科普的，当然，对科学进行传播是困难的。

　　那么为什么对科学进行传播是困难的呢？

知识的诅咒

　　1989 年，经济学家科林·卡默勒（Colin Camerer）等人在《政治经济学期刊》（*Journal of Political Economy*）上发表了一篇题为《经济环境中知识的诅咒：一种实验分析》（*The Curse of Knowledge in Economic Settings: An Experimental Analysis*）的论文，首次提出了"知识的诅咒"，它指的是"人一旦获得了某一知识或经验，就很难体会没有它的感觉了。"

　　1990 年，斯坦福大学的伊丽莎白·牛顿（Elizabeth Newton）通过敲击者/听众试验印证了这种现象。通俗而言，"知识的诅咒"指的是当一个人拥有某种知识，就很难想象缺乏这种知识会是什么情形。"知识的诅咒即我们倾向于认为吾之所想即人之所想。"作为一种心理上的认知偏差，"知识的诅咒"存在于日常生活的各个角落。隔行如隔山就是一种"知识的诅咒"，它使得同别人分享我们的知识变得很困难，因为我们不易重造我们听众的心境，或者说传者与授者往往没有共同的认知基础，因而也经常出现"秀才遇到兵——有理说不清""对牛弹琴""鸡同鸭讲"的怪异现象，实际上这些都是"知识的诅咒"的例证。

在开展科普的过程中，传播者需要用受众能够理解的语言将深奥的科学原理解释清楚，其中就涉及对专业术语的转化，因为专业术语对于科研人员来说是一种能够节省交流时间的途径，但是对于普通公众而言，这可能就是某种形式的"知识的诅咒"。

当然，产生知识的诅咒的原因有很多，而科普就是要在某种程度上打破这种"诅咒"。比如，在科普的过程中，有些专业术语的使用就应该是某种程度上的"知识的诅咒"，因为对于普通公众来说，他们并不能理解这些专业术语的意思，所以就需要用通俗易懂的语言进行阐释。比如，对于普通公众来说，当听到 PICC 时，他们非常有可能想到的是中国人民保险，而非经外周静脉穿刺中心静脉置管。

物理学家兼哈佛大学教育学家埃里克·马祖尔认为，对某事了解得越多，把它教授给其他人的难度就越大。这是一种"知识的诅咒"。但是卢瑟福却说，如果你不能给实验室擦拭地板的女工解释清楚你在做什么，那说明你并没有搞明白自己在干什么。

这就是打破"知识的诅咒"。

术语和"黑话"

科学是靠专业语言而蓬勃发展起来的，从数学到各种专业的术语；在这些语言中，很多词语甚至都没有直接的译文，但是它指代的是非常复杂的概念或者整个过程，比如"基因表达""激波风洞""隧穿效应"，等等。

多年来，术语一直是科普的"痛点"。公众认为身处象牙塔之中的科学家脱离一般生活，在交流过程中过于依赖术语，为科普人为地设置了障碍；科学家则一再强调术语在保证信息准确性方面不可或缺的作用。

根据韦氏词典的定义，术语（jargon）表示一类技术性专业用语或某活动或群体内通行的专门用语。20 世纪 70 年代后期，术语曾被公众用于以讽刺的语气形容学者、艺术家或技术专家们冗长难懂的语言或写作方式。在这种背景下，术语被赋予了如下几种特征，即反映了某种特定的职业背景；是一种含义单一，形式上矫揉造作的语言；经常被一些智力水平较低的人用来获得其他人的认可；会在作者有意或无意的使用下产生令人费解的效果。这种偏向负面的评价在术语逐渐繁荣于科学领域之内后发生了改变。以《自然》（Nature）杂志为例，在创刊的前 78 年中（1869—1947），该刊发表的学术文章的可读性与一般大众文本（如新闻报道）并没有太大差异，然而情况在 1947 年之后变得不同——论文的可读性开始逐年下降，术语的使用量增加正是导致这一趋势的原因之一。至 20 世纪80 年代，随着分支学科的增加，新术语开始大量涌现，这一点在生物学领域尤为显著。

　　有学者认为，术语是科学家在创造新事物、新理论过程中的必然产物，其词语本身的准确、简洁、经济等特征满足了分支学科迅速发展过程中产生的需求。但是，作为一种通常不能通过字面理解的语言，术语具有一定程度的排他性。这种排他性既保证了学科内部的高效交流，使团体成员可以通过分辨出其他未掌握相应术语的非团体成员来增加归属感，又在某种程度上促进了分支学科的产生。

　　科学家们使用术语来说明专业知识，传递特定的内容或是特殊思想。科学术语在某种程度上成为了准确和权威的化身，成为传播知识的单纯载体，而且本身并不会对内容产生影响。在科学共同体内部，使用术语逐渐成为行业共识。科学家开始普遍接受这样一种观点，即术语是准确表达的基础，在交流过程中通过减少术语从而使内容简单化的行为则会对其专业声誉产生负面影响。从这一方面来说，术语已经成为科学家学术训练的一部分，因而很难和科学本身相分割。

　　术语的发展促进了学科深化，也在一定程度上加深了科学共同体与公众之间的隔阂。尽管不同学科的专业人士已经意识到要根据文章的受众改变术语的使用频率，并尽量避免使用较为晦涩的词语，术语还是为一般公众理解科学相关内容设置了重重障碍。多年的学术训练使科学家习惯于将专业知识和术语当作沟通中的必要元素，有意无意间使用不必要的复杂术语，而这些术语会影响文本阅读的流畅性，尤其是在作者没有就相关术语作出解释时。实际上，研究已经证实，当文本中的术语量达到或超过 2%后，公众就已经无法很好地理解内容了。这是因为，当面对不熟悉的词语时，读者需要调用更多策略来处理信息，如利用其他视觉信息或尝试将这些词语与已知的名词进行联系以建立自己的理解。不仅如此，术语的权威性和排他性在科普中也成为了将缺少专业背景知识的公众拒之门外的消极因素。术语的排他性则为公众理解科学内容设置了隐形的门槛。面对晦涩难懂的词语，公众会感到被排除于科学共同体之外，从而大大降低对内容的感兴趣程度，这与他们所期望的更为开放的科学相悖。所以，知识分子不能躲在象牙塔里，玩着"自我陶醉的话语游戏"，我们需要有人站出来，将这套黑话体系"翻译"成能为大众理解的大白话。

科学"不确定性"的本质

科研最常见的结果或许不是真相，而是不确定性。与其说科学是知识的积累，倒不如说是识别和处理不确定性的技能。不确定性是生活中的一种常态，举个例子，明天下不下雨具有很大的不确定性，人们可能也不以为意。但是，人们无法接受科学的不确定性，而且往往会要求科学家提供明确的确定性。比如，转基因食品是否安全，一种疾病能不能完全被治愈，等等。

什么叫作科学的不确定性呢？

就是由于缺乏科学知识，或不同意现有的科学知识而产生的一种不确定性。科学既生产不确定性，也生产确定性，但是媒体往往把科学描述成确定的，相信我们在很多科学新闻中都有类似的感受，比如脱离情境的引用，断章取义和夸大其词，等等。于是，当科学的不确定性与受众的确定需求存在冲突时，受众就会对科学口诛笔伐。

为什么科学家总无法提供准确的答案？原因至少包括以下几个方面：第一，科学家并不是无所不知的，如果他们知道一切，那么科学也就不需要存在了；第二，科学研究不是非黑即白的；第三，科学家并不能总是知道正确答案，只不过他们在追求正确答案；第四，事实也并不是一锤定音的，所以科学家才一直提出问题并且解决问题；第五，我们不能把所有的事情都简单化，而是应该让公众理解科学的不确定性；第六，在现有知识的情况下，有些东西是确定的、是正确的，但这并不意味着在所有的情况下都是正确的；第七，我们生存的社会是追求确定性的，但是对于科学来说，证明这种确定性是不太可能的，而科学研究则是向更大的确定性迈进的过程。

为什么说科学存在着不确定性，就像萨根在书中说的那样，因为除了纯数学，没有任何东西是确定的。科学远不是十全十美的获得知识的工具，它仅仅是我们所拥有的最好的工具。人类渴望绝对的确定性，人类也许渴望有一天获得绝对的确定性。但是，通过找到其他人工作的漏洞，科学家会不断地取得进步。科学家们通过对想法的讨论，并产生了一些辩论，以发现下一步如何工作。科学中是存在着分歧的，这是很正当的，也是推动科学进步的一种动力。最后，在证据不足时，争议会存在，但是随着证据的累积，这种争议会减少也会消除，科学也会向确定性迈进。

这里我们不妨举个例子来说明。

应该说很多八○后都知道这样一个知识点，那就是太阳系有九大行星（水金地火木土天海冥），但是由美国天文学家克莱德·威廉·汤博在1930年根据其他天文学家的预测而发现了的冥王星于2006年8月被国际天文学联盟降级为了矮行星，自此之后，太阳系只有八大行星了。

应该说在不同的时间点，太阳系有九大行星与八大行星都是正确的一个知识点，但是随着科学家不断取得新的研究进展，旧的知识被新的知识所取代，科学也在一步步逼近确定性。再比如从地心说到日心说的漫长过程，以及现在我们知道，太阳也不是宇宙的中心，它只是位于银河系第三悬臂上的一颗普通恒星。

科研人员的"四不窘态"

2020 年 9 月 28 日举行的第二十七届全国科普理论研讨会上，中国科学院院士周忠和在主旨报告中总结说，当前科研人员做科普存在着"四不窘态"。从科研人员本身的视角来说，这"四不窘态"也从一个侧面反映了对科学进行传播是困难的。

一是科研人员不愿做科普。从相关政策、科研项目管理和绩效考核的角度看，虽然对于科研人员从事科学普及工作有相关的规定和要求，但是科学普及工作还未成为所有科研项目结题的必要条件以及科研人员绩效考核的条件之一。甚至于在某种程度上，从事科学普及工作不是"加分项"而是"减分项"，或者说是费力不讨好的事情。在现有科研考核指挥棒的作用下，许多科研人员，尤其是面临着生存和职称晋升双重压力的青年科研人员，在科学普及中存在着心有余而力不足的现象，从而限制了部分科研人员投身科普工作。

二是科研人员不屑做科普。长期以来，科普工作在某种程度上还被视为是"小儿科""做不好科研的人才去做科普"。几乎全部参与调查与访谈的科研人员都认为科普工作非常重要，但是从事具体科普工作的人员比例仍然偏低。一线科研工作者从事科普工作往往会被认为是不务正业、不思进取。从而导致了开展科学普及工作被认为是"好出风头""想出名"，这也消磨了部分科研人员从事科学普及工作的热情和积极性。

三是科研人员不敢做科普。当前的舆论环境也对不少科学家从事科普工作产生了负作用。当科研人员通过媒体对热点科学问题进行解读时，经过多次传播，其观点或多或少都会存在被误解或曲解的情况，继而遭到一定的非议甚至谩骂，这使得原本一腔热血投入科普工作的科研人员深受打击，便"一朝被蛇咬，十年怕井绳"，从此不愿再"惹火上身"。此外，科研人员不愿意做科普，一个很重要的原因就是怕"抛头露面败坏了自己的名声"，所以往往出现媒体和科学家之间的合作度不高，导致科普内容生产主体和传播渠道不能实现有效对接。突发事件发生后，经常出现科学家"有科难普"，而媒体"能普缺科"，脱节问题突出，严重影响了应急科普的整体效能。

四是科研人员不擅长做科普。术业有专攻，学问做得好的科学家不一定擅长做科普，因为科普工作也有它自身的规律和方法，科普要取得好的传播效果也并非易事。比如，它需要理解受众，掌握最新的内容呈现形式，等等。而现实情况是，绝大多数热衷于科普的科研人员都是"半路出家"，虽然作为专业的科研人员来说，他们是某一科技领域的专家，但是他们并未接受过专业的科学传播培训，甚至只能"自学成才"，在从事科普工作的技巧、经验和能力等方面储备不足，因而往往导致有"科"没"普"的现象存在。

而要克服这"四不窘态"，就需要提供完善的制度保障，提高科研人员对科普的认知，以及为他们开展科普提供必要的技能培训，等等。

第 10 章

当前科普实践的几个问题

为学患无疑，疑则有进也。

——陆九渊

易穷则变，变则通，通则久。

——《周易·系辞》

· · ·

科学知识是科学家或者说科学共同体在长期的科学探索过程中沉淀并传承下来的、对指导日常生活有用的信息。这些知识之所以能够得以传承和延续，究其根本就在于它们可以指导我们的生产生活。而从科普的角度来说，如果要传播科学知识，那也必然要选择这样的而非那些错误的，或者在当时被认为正确而后随着认识的提升被淘汰的以及似是而非的知识，虽然其中涉及不确定性的问题以及公众对不确定性的认知问题，但是科普不能没有科学基础，同时在日常生活中我们也可以看到科普实践中存在着一些问题，这些问题不解决，那么科普工作就有可能面临着一些障碍。

科普的泛化与异化

从本意上来说，泛化指代的是由具体的、个别的扩大为一般的。实际上在科普中也存在类似的问题。《关于新时代进一步加强科学技术普及工作的意见》指出，要推动科普全面融入经济、政治、文化、社会、生态文明建设，构建大科普格局，这也表明科普有着广阔的空间。

本文所说的科普的泛化，是指那些本来没有科学内容的东西也被说成是科普。比如某些热门游戏里的装备，某著名艺人的穿衣风格等，虽然这些可能也是一些人感兴趣的东西，但是从严格意义上来说，它并不是科普的范围。另外一方面就是科学新闻报道中的断章取义，这也导致了科普的泛化。

　　这就不得不再次提到科普的定义问题，虽然不同的人都在不同的岗位上从事着科普工作，但是就像"一千个读者就有一千个哈姆雷特"一样，我们并没有就科普的内涵和外延达成统一的共识。《关于新时代进一步加强科学技术普及工作的意见》中是这样界定的：科学技术普及（以下简称科普）是国家和社会普及科学技术知识、弘扬科学精神、传播科学思想、倡导科学方法的活动，是实现创新发展的重要基础性工作。

　　我们可以认为这是一个操作性的定义。

　　然而，在现实情况下，我们有时候不得不反其道而行之，也就是用什么不是科普来界定科普，或者说如果什么都算是科普，那么我们就可以说科普什么都不是。

　　这也是我们要反对科普泛化的原因所在。

　　同时，人们往往把信息差与科普等同起来，科普肯定是对信息差的弥合，而信息差的弥合不完全是科普，因而这也需要我们防止科普的泛化。

　　而科普的异化则表现为在对科学进行传播时，不能对科学知识进行有效且完整以及正面化的宣传，同时在具体的传播过程中，以科学的名义对公众进行一定程度的误导，或是对一些反科学与伪科学内容进行传播，名义上是在传播科学，实际上却产生了与科学传播相反的特性。比如部分科普类节目为了提升自身的收视率，会在具体的宣传过程中，假借科学之名，对相应的神秘现象予以渲染，使科普节目在对公众进行思想引导的过程中存在一定程度的负面效应。观众也会在猎奇心理的驱使下，被难以探知的神秘现象迷住，为了搞明白到底怎么回事，而不得不继续观看相应的节目，但是最后并没有获得理性的结果。在社交媒体尤其是短视频蓬勃发展的时代，科普的这种异化现象更加突出。

做科普的两个极端

科普中有时候会存在两个极端，一个是"有科没普"，另一个是"有普没科"。前者一般见于科研成果转化为科普内容时，因为不了解如何能够做好科普，所以有些内容就是科研论文的压缩版，虽然科学性十足，但是在通俗性上却让人有"不明觉厉"之感。袁岚峰在一次报告中就谈到："有科没普"的作品往往是业界专家写的，他们努力保持了严谨性，但完全没考虑读者的需要，结果看起来几乎就等于论文摘要，充满了普通人看不懂的专业术语。由此造成的效果是，只有本来就懂的人才能看懂，本来不懂的人看了还是不懂。此外，我们经常说科学之美隐藏在方程式中，相信各位也看到过一些有关十大最美科学公式的报道，但是如果我们仅仅列出这些方程式，比如勾股定理，爱因斯坦的质能方程，麦克斯韦方程组等，而没有解释这些方程式到底美在什么地方，包括它给我们的生活带来了什么影响，那么这种美依然只有科研人员能够"自赏"，科学之美仍然禁锢在方程式之中，尚未达到"美美与共"的地步，正所谓"独乐乐不如众乐乐"，而要达到这个境界，科普中就应该避免"有科没普"这个极端。

"有普没科"这个极端往往会出现在公众更经常接触的社交媒体上，虽然很通俗，甚至通俗得太"接地气"了，但是其科学性真是不敢恭维，甚至根本就没有任何科学元素。相较于"有科没普"来说，"有普没科"倒不如不做。如果科普没有弘扬科学精神，没有彰显科学思想，没有倡导科学方法，没有传播普及正确的科学知识，那么这样的科普就是错误的，不仅不利于公民科学素质的提升，反而会起到相反的效果。毕竟科普不能脱离科学，否则就是"无源之水，无本之木"。袁岚峰也表达过类似的意思，他说，至于"有普没科"的作品，那就太多了。如果只是传播一些浅层的知识，那还算是好的，至少对公众是有益的。令人头痛的是，经常有一些所谓科普作品传播的其实是伪科学，开局一张图，内容全靠编。所以

"科学性是科普作品的内涵，是科普的灵魂。如果科学性出了问题，即使表现手法再好、艺术性再高、趣味性再强，这样的作品也是不合格的，甚至具有欺骗性"。科学普及首先要把科学性放在第一位，而如果丧失了科学性就会陷入"有普没科"的极端。所以在致力于把科学表达成科普形式时，应该主要考虑科学性；也应该考虑趣味性，但必须服从对科学性的要求……在两者发生冲突时，应该首先考虑科学性。

知识多与方法少

科普的一个重要目标就是提升公民的科学素质，在 2021 年 6 月 3 日，国务院印发的《全民科学素质行动规划纲要（2021—2035 年）》中指出，"科学素质是国民素质的重要组成部分，是社会文明进步的基础。公民具备科学素质是指崇尚科学精神，树立科学思想，掌握基本科学方法，了解必要科技知识，并具有应用其分析判断事物和解决实际问题的能力。"这与 2006 年 3 月印发的《全民科学素质行动计划纲要（2006—2010—2020)》中关于科学素质的界定有所差异（公民具备基本科学素质一般指了解必要的科学技术知识，掌握基本的科学方法，树立科学思想，崇尚科学精神，并具有一定的应用它们处理实际问题、参与公共事务的能力。），而更重要的是，这凸显了我们的科普开始从科学知识的传播与普及转向了更加重要的科学精神的弘扬，科学思想的倡导和科学方法的培育，或者说是从"知识补课"转向"价值引领"。

斯穆特说过"并不是拥有了某些知识就能改变生活，而是当这些知识和技术组合在一起形成整体时，就能变成可用的东西；基础研究逐步深入，会在意想不到的领域发挥不可思议的作用"。2012 年 5 月 28 日，我在《学习时报》上发表了一篇题为《走出单纯普及科技知识的老路》的评论性文章。在这篇文章中，我曾这样写道：

近 400 年的近代科学发展让我们知晓了科学精神和科学方法在引导人

类摆脱愚昧、克服迷信与教条方面发挥了巨大作用。

......

在进行传播的时候，知识占了相当大的比重，而关于科学态度、方法和精神的传播则成为短板，因而木桶理论的实际效果便呈现出来。我们常说"授人以鱼，不如授人以渔"。如果把这句话搬到科学传播领域中来，那么"鱼"就是知识，而"渔"则是科学态度、方法和精神……科学精神从现实引向人文、从自然引向人性、从具体引向抽象。

......

和科学知识的普及比起来，科学态度、方法和精神的普及相对更重要一些，在传播科学知识的同时，更要注重科学态度、方法和精神的培养与树立，摆脱单纯的科学知识普及，让广大公众更多地知晓科学技术与社会、科学与人文、科学与文化的关系，这样他们才会"知其然"，更"知其所以然"。

我们经常说，科学是一种思维方式。科学不仅告诉我们一些科学知识，或者说告诉我们"是什么"，还告诉了我们"为什么"，而这个"为什么"才是思维方式的重要组成部分，比如科学方法、科学理性、科学精神、科学态度等。而这些东西才是我们真正需要去理解和学习的，而且也是可以在日常生活中去运用的，所以才提倡不仅要"学科学"，更要"用科学"。在当前这个信息碎片化的时代，科学方法和科学理性的重要性要远远超过记住几个科学知识点，所以我们才强调科普要从"知识补课"转向"价值引领"，因为"真正的科学素养不仅关乎知识，更关乎你提出问题的思考方式"，还因为"人生中所有关键时刻，你的思考方式比知识更重要"。

很长一段时间以来，我们的科普往往把科学知识的传播与普及作为首要的维度，甚至很多广受好评的科普也往往仅仅着眼于知识的"搬运"，但是在当前的时代背景下，科学知识与信息浩如烟海，而且还在不断地迭代更新，任何一个人穷其一生都不太可能掌握某一学科的所有知识，同时任何一个人只要动动手指就可以从网络上获取大量的知识，但是如何区分和辨别这些获取到的内容则在某种程度上体现出了人们是否具有一定的科学方法和科学精神。

伽利略曾说，"你无法教人任何东西，你只能帮助别人发现一些东西。"这实际上也是在强调方法似乎比知识更重要，用我们老祖宗的话来说就是，"授人以鱼不如授人以渔"。

实际上，很多科学家在自己撰写的科普作品中都提到了科学方法的重要性，比如尼尔·德格拉斯·泰森所著的《把宇宙作为方法：天体物理学家写给所有人的 101 封信》中就有这方面相关的论述，比如他在给乔治·亨利·怀特塞兹的回信中提到，"鼓励人们自己思考，而不是让别人替你思考，由此孕育出怀疑主义的'灵魂'和自由探索的'精神'"。这实际上已经暗含了一个逻辑，科普不仅仅要传播科学知识，更要教给受众科学方法和科学理性等。

我国的核物理专家陈贺能在一次采访中也提到，"科学家科普不仅要讲知识，也要讲方法，让孩子了解科学家是怎么工作的，了解科学精神和科学方法，鼓励他们像科学家一样细心观察世界、大胆想象。"

但是在现实中，我们经常看到的情况是，很多科普依然把大量的精力放在一些知识点的传播和普及上。当然，我们不是说科学知识不重要，毕竟如果我们单纯地强调科学方法，实际上是抽去了具体的科学内容，结果可能导致一种似是而非的科学普及。因而科普要从单纯传播知识跃升到传播科学方法、科学态度、科学精神和科学理性的层面上。也就是说，科普不仅要传播知识，还要传播以系统的科学知识为基础的科学方法、态度、理性等。如果我们的科普依然停留在传播与普及知识的层面，而未跃迁到以知识为基础的科学方法和科学思维层面，那么我们只是在使用知识之流，并未培育知识之源，这难免有些"舍本逐末"的味道。

1620 年，培根在《新工具》中最早提出了"知识就是力量"的口号。在培根看来，只有掌握科学知识，才能改造和利用自然，让自然为人类服务。

作为一种力量，知识只有被传播和扩散才有可能发挥它最大的效用，但是知识一定越多越好吗？某年春晚上的一个小品有这样一句台词，"我这知识啊都学杂了！"

在以碎片化为特征的时代，人们可以轻易地获取到任何知识，但是这些知识可能只是一个巨大拼图中的一小块，而拿到这个拼图一部分的人似乎并不知道这个拼图整体上到底是什么样子的。

就此而言，科普不能仅仅满足于知识的传播与普及，更多地应该着眼于对公众一些能力的培养上，以及科学方法的习得上，等等。我们也有必要加强在科学方法和科学精神等方面的投入。一方面在于知识的更新速度之快，我们难以掌握所有的知识；另外一方面想用理性去说服一个人放弃相信一件他从不是因为理性而相信的事情，可能不会有任何效果！

"科学的精髓是其方法。强调方法对科学普及而言有着巨大帮助，因为它能使公众不必去执行困难的数学运算和记住多得可怕的大量事实，而无可争辩地掌握真正的科学。"而现实情况往往相反——"我们将多位除法像烹调书上的配方一样灌输给受众，却不解释单位除法、乘法、减法是怎样组合起来以得出正确答案的，受众的学习仅仅是记住自己被要求做什么，并得到正确的答案。"

第 11 章

科普的几个转变

别妄想世界永恒不变。

——塞万提斯《堂吉诃德》

世界上一成不变的东西，只有"任何事物都是在不断变化的"这条真理。

——《太阳报》

· ·

　　从本质上来说，科普的目的是提升公民的科学素质，或者说科学素质的提升是目标，而科普是实现这一目标的手段之一。

　　那么对于什么是科学素质，或者说什么样的公民算是具备科学素质的，也许我们可以从有关文件中了解一二。

　　如前所述，2006年3月，国务院印发的《全民科学素质行动计划纲要（2006－2010－2020年）》中，对具备基本科学素质的公民作出了如下的陈述：公民具备基本科学素质一般指了解必要的科学技术知识，掌握基本的科学方法，树立科学思想，崇尚科学精神，并具有一定的应用它们处理实际问题、参与公共事务的能力。而2021年6月，国务院印发的《全民科学素质行动规划纲要（2021—2035年）》中对上述表述进行了一定的调整，"公民具备科学素质是指崇尚科学精神，树立科学思想，掌握基本科学方法，了解必要科技知识，并具有应用其分析判断事物和解决实际问题的能力。"从这两个表述中，我们可以看到，科学素质的组成要素发生了一定的变化，"了解必要的科学技术知识"从第一位降到了第四位，当然这种变化也具有社会经济等方面因素的影响，同时，科普也应随之发生一定的变化，包括科普的内涵、外延、理念、手段、体制以及机制等。

从是什么到为什么

前面的章节已经谈到了不同的发展阶段，科普的补偿机制是不同的，比如传统科普阶段试图满足"缺失模型"所隐含的科学知识越多对科学的态度就越积极正向这个假想的理念。而进入新时代，科普不能仅仅停留在知识的传播与普及上，而要从告诉目标受众科学是什么转向解释科学为什么。

实际上，这不仅仅是一个观念的转变，而且涉及科普方式和方法的转变。

在当前的时代背景下，知识的获取要比以往任何时候都更加容易，如果你想知道什么是量子霍尔反常效应，什么是超新星爆发，什么是核磁共振，什么是元宇宙，什么是区块链，什么是……你只需打开搜索引擎，相信不超过几秒钟，你就会得到你想要的答案，因为互联网被看作是有关科学的信息的最常用来源，更因为"我们现在处于一个动动指尖就可以获得即时在线事实的时代"，但是我们是否会思考这样一个问题，那就是在各种信息充斥在我们周围的这个社交媒体时代，我们真的需要记住这些问题的答案还是我们更需要知道在哪里能够找到答案，以及在找到答案之后具备对其进行辨析的能力？

应该说，对普通公众而言，在科学知识的获取上"只有想不到，没有做不到"，科学上的知识点可以说是"取之不尽，用之不竭"的。但是这些知识都是零散的，碎片化的，不成体系的，这与我们力求让公众形成科学思维来说是存在着不小的隔阂的，甚至是扩大了这种隔阂。长此以往，这非常不利于公众对科学形成系统性的认知。

相较于容易传播和扩散的科学知识来说，科学精神，科学方法和科学思想的传播就有一定的难度，因为它是位于科学知识背后的东西。当然在谈论这些方面的时候，我们不能脱离科学知识，而是要在知识的基础上再前进一步。我们可以这样认为，科学知识是在告诉人们科学是什么，但是科学精神、科学方法和科学思想旨在解答科学为什么的问题。

这也相当于说，在科普的过程中，要有一定的观念转变，把着眼点放在解释科学为什么上，而非单纯地告诉人们科学是什么，这也就是"授人以鱼不如授人以渔"。

我们不妨用两个例子来说明这个问题。

第一个例子。

阳光从太阳表面出发到地球大约需要 8 分钟的时间，这可以说是一个知识点。对于普通公众而言，不知道这个知识点似乎并不会影响他们的生活。如果他们知道这 8 分钟是怎么算出来的，那么就可以利用同样的方式去推导出，每晚抵达我们双眼的星光也绝对不是现在发射出来的，而且我们就可以理解"望远镜是时间机器"这句话所蕴含的科学道理了。

我们再来看前文提到过的第二个例子。

我上中学的时候太阳系有"九大行星"，而在 2006 年 8 月之后，冥王星被"降级"了，于是太阳系就只有"八大行星"了。

在 2006 年以前，"九大行星"是一个正确的知识点，而在 2006 年以后，"八大行星"才是正确的知识点。

从第二个例子可以看出，随着人们认识的深化，科学知识是有可能被更新和修正的。但是这种更新和修正的背后体现的却是科学方法和科学精神。如果我们的科普仅仅告诉人们太阳系从"九大行星"变成了"八大行星"，而没有解释为什么从"九"变成了"八"，那么这样的科普是不完整的，因为它似乎是在灌输某种知识，而非去解释这种知识背后的逻辑。

用这两个例子是想表明，如果我们希望通过科普培养公众的科学理性，让他们掌握科学方法，理解科学精神，那么这就需要把科普从解释科学是什么转向科学为什么。卡尔·萨根说过，如果我们只向广大公众讲解科学的成果和发现，而不讲解严格的科学方法，那么普通人怎么能够区分什么是科学，什么是伪科学。

当然，这里我们不能忽视的一个问题是，在把科学是什么转向科学为什么的过程中，科研人员不能缺位。

如果我们把科学精神理解为一种精神气质的话，那么，它们常常不是一目了然的，并不能通过教科书简单的定义或传授，它们也并不在科学已经完成的物化的甚至是固化的科学成果之中，而在于求得这些成果的过程之中。而科研人员恰恰是切身地体会了这些过程的人。因而在阐释科学为什么的时候，科研人员能够对研究过程做一种回顾，梳理其脉络，把隐匿其间的科学观念阐发出来，使最广大的受过一般教育的人也得以接触科学精神的精髓。

所以可以说，科研人员对科普的参与是把科学是什么转向科学为什么的一个重要组成部分，也是科研人员在科普的过程中可以充分发挥作用的地方。

从有效到负责

按其本意理解，"有效"是指能实现预期目的，具有一定的效果，广义上讲，有效传播（Effective Communication）是指所传播的信息能到达受传者并被受传者接收和理解。而从劝服的角度来说，有效则要求能够达到改变人们态度，使之符合传播者的意图。但是仅仅完美地把信息传达出去并不能保证有效传播，因为信息在传播的过程中会受到"噪声"的影响而出现部分失真的情形，而科普过程中偶尔存在的"断章取义"和脱离情境的引用等做法也会让传播达不到预期效果，甚至适得其反。

当然，科普必然要追求有效性，否则就会变成无效传播，这样的结果不仅会浪费社会资源，而且在一定程度上也会打消科学家参与科普的积极性，但是在具体实践中不能仅仅以有效性作为衡量科普工作的唯一指标。比如仅仅衡量了一项活动的参与人数，而非实际的影响。再比如仅仅询问参与者对某个科学内容的印象和评价，而不去关注他们是否会在日后的生活中运用某些科学理念解决实际问题。

因为有效是让人们"知其然"，而负责是让人们"知其所以然"，有效是一种结果导向的行为，可以"为达目的，不择手段"，而负责更加注重过程导向，也就是从"科学是什么"转向对"科学为什么"的传播。通过各个环节的负责，最终导向结果的有效，也就是说只有过程负责才更有可能导致结果有效，而非相反，结果有效就意味着过程的负责，其中涉及程序正义和结果正义的问题。

很多案例也都印证了这方面的情况，比如"塔斯基黑人男性未经治疗的梅毒研究"，彭斯和弗莱西曼绕过发表同行评议研究成果而通过新闻发布会宣布实现"冷核聚变"，反对疫苗群体和抵制气候变化群体利用耸人听闻的非科学事实来左右受众的立场，等等；再比如，短视频已经成为公众获取科技信息的重要渠道，但是总体上还是就知识谈知识，甚至存在一些非科学和伪科学的内容假借科学之名得以传播扩散，这既不算是有效（当然，这里指的是科普上的有效），更难以被认为是负责任。

过去的实践更多地着眼于传播和扩散科学知识，这实际上是在检验人们是否记住和掌握了某些具体的知识点，但是"我们生活在一个完全依赖科学和技术的社会中，然而几乎没有人了解这些科学和技术"。要让公众了解这些科学和技术，仅仅靠掌握一些科学知识是不够的，也是难以实现的，更应该从负责任的视角出发，去注重科学方法、科学精神、科学态度和科学理性的养成和弘扬，这不仅仅在于"科学的精髓是其方法……"，还在于科学（知识）这种力量"不仅取决于其本身价值的大小，更取决于它是否被传播以及传播的广度和深度"。

同时，如前所述的两份官方文件也表明了负责任已经成为最新的要求。虽然从文字表述上来看，仅仅是科学精神、科学思想、科学方法、科技知识的顺序发生了调整，但是更重要的理念在于科普要从有效向负责任转变。

此外，科技向善也要求科普要从有效转向负责。应该在什么样的尺度之下推进技术的进步，从而实现技术的"向善"，或者说做到技术的"负责任"，进而让技术的发展符合人类发展的整体利益，这不仅是一个立场问题，更是检验是否负责的价值判断问题。

比如，欧盟在一段时间以来开展的负责任的研究和创新（RRI）从某种意义上来说也是推动创新从有效转向负责任，但是其中也包括与科普有关的内容。负责任的研究和创新中的责任是为了确保把社会和伦理规范、观点和价值观纳入到整体研究和创新过程中，包括对环境、经济等的看法和担忧，这实际上已经关涉到科普的议题了，因为它要求广泛的社会行动者参与进来以确保研究和创新中所纳入的规范是社会的真实反映，同时它在很大程度上集中于公众参与科学和技术。进一步来说，公众参与是一个必需的过程，而这个过程应该合乎伦理，应该是负责任的，没有参与的研究被认为是不负责任的。换言之，负责任的创新保证了负责任的传播，而负责任的传播必然要求负责任的创新。

从知识补课到价值引领

在前面的诸多章节中，我们反复提及新时代的科普工作需要从"知识补课"转向"价值引领"，那么这个转变到底应该作何解释，这里我们集中探讨一下。

从国务院印发的《全民科学素质行动规划纲要（2021—2035年）》到科技部、中央宣传部、中国科协印发的《"十四五"国家科学技术普及发展规划》，再到中共中央办公厅、国务院办公厅印发的《关于新时代进一步加强科学技术普及工作的意见》，我们可以发现，三份文件分别提到，要"突出科学精神引领""强化新时代科普工作价值引领功能""加强科普领域舆论引导"，这实际上都在表明，科普不能停留在传播和扩散科学知识这个"初级阶段"。

因为当前知识和信息的获取已经变得比以往任何时候都更加便捷，如果愿意的话，我们每个人每天都可以接触到无穷无尽的信息，但是对于任何一个人来说，穷其一生也难以掌握某个专业领域的所有知识，正如《庄子·养生主》里所言，"吾生也有涯，而知也无涯。以有涯随无涯，殆已。"而且如果缺乏对获取的信息和知识进行分辨、综合、分析与处理的能力，那么我们就很有可能被误导，为缺乏对事实和观点进行区分的能力而感到迷茫，尤其是在"后真相"时代之中，科普的价值引领作用更加凸显。

一般来说，知识的搬运与传播相对比较容易，这得益于搜索的便捷性，但是囿于个人的认知能力总是有限的，所以总有一些知识是某个人不知道或者不了解的。从科普的角度来说，我们需要思考的是，有些知识对于特定的个体来说是不是真的必需。通常我们认为，知识本善，为了知识而学习知识是值得鼓励的，所以应该把追求知识作为科普工作者最有价值的事情之一。但是，我们是否还需要更深入地思考一下，在当今这个信息呈指数级增长的后真相时代之中，对于任何个体来说，相较于知道某个知识点是什么，倒不如知道这个知识点是怎么来的，以及如果自己想了解某些方面的知识，该怎么去搜索更加重要一些。

科普需要从单纯的普及知识跃升到培养公众的科学思维能力和科学理性的层面。因为"在所有的教育目标中，这（思考方式）可能是最高的一个，因为在人生中所有关键时刻，你的思考方式比知识更重要。"

如前所述，伯纳姆在《科学是怎样败给迷信的》一书中也多次提及，科普不能仅仅教授知识，而"强调方法是对科学普及的一个巨大帮助，因为它能使公众不必去执行困难的数学运算和记住多得可怕的大量事实，而无可争辩地掌握真正的科学"。否则，"无论是小孩还是大人，接收到的是日益增多的空洞事实，这些空洞的事实尽管是科学家发现的并披上了科学权威的外衣，但仍旧是空洞的"。所以，科普不能落入只传授知识的窠臼，而是要在知识传播的基础上去发掘背后的科学方法、科学思想、科学精神和科学理性。只有公众掌握了一定的科学方法和科学思维，才能真正具备获取科学知识的技能，提升个人的科学素养，而这实际上印证了伽利略的名言，"你不能教给一个人什么东西，你仅能帮助他发现自己"。

当然，科普需做到守正创新。守正是为了确保科学性，毕竟科学性是科普的灵魂，如果没有了科学性，那么这样的科普必然会变成无源之水，无本之木，这也就是"有普没科"，根本不应该被看作是科普。而创新则是为了让科普能够触达公众，这就需要采用公众能够普遍接受的各种形式、平台、渠道等对科学内容进行传播，正所谓"百工居肆以成其事"，否则就会曲高和寡，难以奏效，这包括创新创作理念，创新表达方式，创新传播渠道以及创新评价形式等。这也要求在创新的同时，科普还要通俗易懂，也就是用公众能够理解的语言来解释复杂的科学问题，其中就包括对专业术语进行转化等，当然通俗并不是要庸俗、低俗、媚俗以及流俗，否则科普就失去了价值引领的功能和作用。

此外，把科学送到公众身边并不容易，从本质上来说，虽然公众每天都在消费科学成果、工程和技术产品，享受着科学带来的便捷，但是公众并非会天然地"亲近"科学，所以做科普要打通最后一公里，需要放低身段，不俯视，不仰视，要平视，需要接地气，需要潜移默化地将科学融入公众的日常生活之中，需要整合、融合、结合与契合公众的需求，但是这并不意味着要迎合，否则也会贬损科普的价值引领功能。

科普的价值引领主要体现在对科学家精神和科学精神的弘扬，科学思想的树立，科学方法的掌握，科学理性的倡导等方面，当然这需要建立在科学知识的传播与扩散的基础之上。但如果我们仅仅局限于传播科学知识，而没有拓展到"价值引领"维度，那么这样的科普可能还停留在只是让公众"知其然"的地步，远未上升到"知其所以然"的境界。所以，科普的价值引领也需要让公众产生对科学的认同感，即"认"之后的知晓，"同"之后的能力以及"感"之后的行为。

之所以要强调科普的价值引领问题，其根本就在于不仅仅要让受众掌握具体的科学知识，更应该透过科学知识去了解其背后的科学方法、科学思想、科学精神和科学理性等。

之所以要强调科普的价值引领问题，还在于相较于传播科学方法、弘扬科学精神，以及培养科学理性来说，科学知识在某种程度上来说可以用"取之不尽"来形容。但是这也是一种舍本逐末的做法，因为对于受众来说，掌握一个个具体的知识点虽然简单，但是如果不能活学活用，那这些知识点就是死的，并不能更好地指导生活。

之所以要强调科普的价值引领问题，也在于对科研人员来说，这是一种更高效的科普路径。正所谓"当真理还在穿鞋时，谎言已经跑遍半个世界"，而对于科研人员来说，辟谣往往会费力不讨好，同时也有研究显示，因为首因效应等因素的影响，辟谣往往会导致人们更加相信谣言。而且从谣言传播的机理来看，很多谣言都存在"旧瓶装新酒"的问题，也就是说其本质是一样的，只不过借助了新的形式和媒介等途径，而这也在于人们缺乏必要的科学理性和科学方法，从而相信各种变形后的谣言。

为了做到"敌军围困万千重，我自岿然不动"，就必然需要转换科普的思路，从知识补课转向价值引领。

当然，我们在强调发挥科普的价值引领功能的同时，也不能忽视必要的科学知识的普及，一方面不能把科普仅仅停留在只传播科学知识的层面上，而是要进一步深化和提升；另外一方面也不能抛弃具体的科学知识而单纯强调价值引领，因为科学知识还应该是发挥科学价值引领的基础和底座。最佳的方式是找到二者的平衡，在普及知识的同时适当地上升到价值引领的层面，避免顾此失彼的问题出现。同时，我们还应该关注的一个问题是，科普过程中需要关照到受众的接受程度，要因人制宜。对于从事科普相关工作的人来说，科普的价值引领功能是需要内化到具体的实践之中的，而对于受众来说，即便我们在科普的过程中注重了价值引领的问题，他们也未必能够全部接受或者理解。这是一个过程，正所谓，"取乎其上，得乎其中；取乎其中，得乎其下；取乎其下，则无所得矣"。我们不能回避这个问题。

科普要从知识补课转向价值引领，不仅仅是一个理念，更应该成为一种实践。通过这种实践，有助于让公众获取必要的科学方法，掌握一定的科学理性，进而增强他们辨别真伪、区分事实与观点的能力，提高个人的科学素养，进而扫除谣言存在的土壤。

第 54 次《中国互联网络发展状况统计报告》显示，截至 2024 年 6 月，我国网民规模接近 11 亿，同时短视频用户规模达 10.50 亿。这也从一个侧面表明，当前的科普更加需要关注网络和社交媒体中的内容供给，因为群众在哪里，科普工作的重心就要在哪里。

科普的价值引领最终是对人的引领，为的是厚植科技创新的沃土，所以我们的科普是"以人民为中心"的科普。

第 12 章

当错误信息需要修正时

流丸止于瓯臾，流言止于智者。
——《荀子·大略》

听信不正确的谣言，只会错过事情的真相。
——布雷

怀疑精神是科学精神的重要组成部分。
——周光召

· · ·

约翰·C. 伯纳姆在《科学是怎样败给迷信的：美国的科学与卫生普及》一书中曾经认为，迷信和伪科学之所以盛行，或者说科普之所以效果不太好，原因在于大量受过良好教育的科学布道者，撤离了科普领域。卡尔萨根也在《魔鬼出没的世界》一书中表达说，当事情发生的原因超出自我认知时，有些人就会把它归因于超自然的力量，于是迷信和伪科学就有了科学无法满足人们需求的说法，并且用它来适应人们强烈的情感需求。它们给人们提供的是我们缺少而又盼望得到的对人的力量的幻想。

迷信和伪科学的本质就是用愿望代替了现实的思想。当人们有了更好的推理能力，以及在科学更加昌明的情况下，人们轻信事物的程度会有所降低，并且也会形成自己理性的认知和思考。

自 2016 年起，北京市科学技术协会、北京地区网站联合辟谣平台、北京科技记者编辑协会共同发布"每月科学流言榜"，针对当月最具代表性的科学流言，邀请各领域的权威专家参与解读，进行科学辟谣。同样，创始于 2015 年的由中国科协主办的"典赞·科普中国"活动也会发布年度十大科学辟谣榜，这些都是在打击谣言和伪科学的传播，营造良好的科普氛围。

现实情况下，我们可能面临"不同的爸妈，同一个朋友圈"的境况，而且这些"朋友圈"往往是伪科学和流言，甚至是谣言传播的一个重要战场，那么该如何应对这种现象？也许我们首先需要探讨一下流言的历史。

流言简史

流言的历史和人类历史一样久远。甚至在远古时代，流言、八卦和骗局就流行并影响着人们的行为，无论其初衷是好是坏。比如 1938 年 10 月 30 日，哥伦比亚广播公司的《世界大战》就因为描述外星人入侵而引发了广大听众的恐慌。该节目播出 6 分钟之后，各居民家中空无一人，人们纷纷挤到教堂中，还有人大哭小叫，在大街上撕扯着自己的衣服。

"人类到底有没有登上过月球？""希格斯玻色子关上帝什么事？""2011 年 10 月 21 日地球要毁灭""2012 地球毁灭的谣言"……现在我们身边也存在着很多流言和谣言，科学家们也一再对这些流言和谣言进行辟谣，似乎某些工作陷入了一个怪圈，流言出现—辟谣—新的谣言出现—再辟谣……

在谈论流言的时候，首先要理解有关认识论的一些哲学问题。认识论源于确定的知识、科学以及话语。在古代哲学中，观点指的是不确定的知识。所以关于流言的问题就变成了"什么是科学"与"什么不是科学"之间的划界问题，或者说是把科学与伪科学及宗教区别开来的困难问题。

2004 年，Prashant Bordia 和 Nicholas Di Fonzo 发表了一篇文章，题目是《网络上社会互动中的问题解决：作为社会认知的流言》，他们认为流言的传播可能预示着"阐释的集体过程"（collective process of interpretation）。而在这个对问题进行集体解决的过程中，任何流言都经过四个阶段的发展：流言的产生、自发地产生观点，并基于此产生讨论、解决问题的方案、兴趣丧失。

在《流言的心理学》一书中，作者们还提出了流言的基本法则，在这个法则中，流言的强度（R）是和话题的重要性（i）以及模糊程度（a）相关的，用公式表达就是：$R = i \times a$。

而后来的一些研究则认为流言的强度是焦虑和不确定性间的一个复杂

函数，它可能来源于个体的内心状态，也可能来自外部，甚至来自二者的交互作用。

第三人效果

在传播学上有一个"第三人效果"理论，它最早由美国哥伦比亚大学戴维森教授于 1983 年首次提出。该理论认为，人们在判断大众传媒的影响力时存在着一种普遍的感知定势，即倾向于认为大众媒介的信息对"我"或"你"未必产生多大影响，然而对"他者"产生不可估量的影响。比如，个体可能会认为有关新药的广告或者吸烟有害健康这样的信息对其他人的影响要大过对自己的影响。也正是因为如此，我们才会把自认为对朋友圈的"他者"有重要影响的文章转发出去，不过有些内容都没有得到证实或者论证，因而也在一定程度上扩大了谣言和伪科学传播的范围。最明显的例子就是亲人的微信群中经常会有人分享很多所谓"健康"的信息。

也正因如此，很多流言会经过我们的手机被转发出去，因为我们倾向于认为这些信息对其他人会有用，特别是健康方面的信息，而这其中很多可能都是未经证实的流言，因为我们并没有对这些信息进行证实，只是随手转发而已。不过缺乏证实的能力也是一个重要因素。

人们之所以会相信伪科学和谣言的另一个重要原因是人类个体的"偷懒"习惯——我们在认知上的"吝啬"，会让我们通过认知捷径来处理信息。而这种认知捷径会受到先入为主的信息左右，如果起初我们接收的信息存在着偏差，那么后续改变这种态度和观点的难度就会很大，因为我们会用已有的观点来同化后续的信息和观点，或者对这些信息进行屏蔽，这就会导致所谓的认知失调。

谣言与不确定性

相较于不确定性来说，人们更愿意相信确定性，因为确定性提供的是简单的答案，但是从本质上来说，我们内心恐惧不确定性，这也就给某些能够提供确定性答案的"算命大师"提供了存在的空间，毕竟他们声称可以提供绝对"确定"且简单的答案，它用某种愿望替代了赤裸裸的现实，而这实际上是一种伪科学。

伪科学用科学总是无法满足人们的需要这一说法来适应人们强烈的情感需求，它提供给人们的是我们缺少而又盼望得到的对人的力量的幻想，它宣称可以满足人们的精神渴求，医治疾病，许诺死亡并不是生命的终结。甚至它会高调宣布科学并不"科学"，而自己才是真正的"科学"。

科学上最重要的一个戒律就是不要轻信任何权威的观点，但是很多人还是会去相信某些自封的所谓"权威"的看法，无他，就因为他们可以提供符合个人预期的绝对的确定性。同样，有些人也忽略了"非凡的主张必须要非凡的证据"。

阿贝亚德曾经说："科学替代了宗教和文化，却并没有像宗教和文化那样满足我们的精神所需……"对于科学上的不确定性，本书前面部分已有论述，但是如果科学不能提供给人们简单明确的答案以及不能给出令人满意的确定性，伪科学就会出现，人们就会去寻找替代的说法和主张，因为对于人类这个认知上的"吝啬鬼"来说，最简单的信息更容易被人们所接受，当然，这也需要我们理解科学的不确定性这个特征。

在科学上，除了纯数学，应该说没有任何东西能够被认为是确定的。人们渴望绝对的确定性，也许渴望有一天可以获得绝对的确定性。但是科学研究并不是总能提供确定性的答案的，因为任何一个合格的科学家都不会宣称自己无所不知。

伪科学在一定程度上属于"信息失序"的范畴，也就是它是发生在信息生产、分发、流通和消费等环节中的有意或无意传播的、具有误导性、虚假性或有害性的各类信息。尤其是在社交媒体时代，人们往往难以辨别伪科学，因为它有时候会假借科学的外衣来迷惑公众。

当然，伪科学之所以屡禁不止，究其本质就在于它利用了受众对不确定性有着天然的抵触情绪。科学是在否定之否定的过程中不断前进的，而伪科学则是用科学无法满足人们需要的说法来适应人们强烈的情感需求，它给人们提供了某种确定性，从而让人们深信不疑，或者说它的本质是用愿望来代替现实。

也许有些人认为，只要不危及生命，有些伪科学和流言可以"放任自流"，但事实是否果真如此呢？在《那些让我们深信不疑的太空伪科学》一书中，作者这样驳斥："这种观点是错误的，如果你开始隔绝真正的科学，就可能轻易相信其他任何你'感觉'正确的东西。无知（有时是故意的）和困惑助长了伪科学运动，如果在科学研究中拒绝正确的结果会导致致命的后果。"

我们该如何辟谣？

网络上曾经有这样一种说法：绝对的语句通常不可信、条件的变化通常要小心、剂量的变化会影响结论。这实际上为我们总结了一些对科普内容进行辨析的方式方法。当然，还有一些适用于日常生活之中，比如在食品安全方面的科普中，有一句流传很广的话是"抛开剂量谈毒性就是耍流氓"，而抛开剂量谈毒性是很多伪科学常用的一种套路，实际上这句话改编自帕拉塞尔苏斯的"是药也是毒，关键在剂量"。再比如有些不严肃的文章在对科研成果进行"科普式"转化时，往往会将该成果获取过程中的限制性条件一次性删除，这就是"脱离情境的引用"，就此得出的结论也是不可靠的。

相较于科学内容来说，谣言或者说流言更能引起人们的关注，因为它往往会利用受众的一系列心理动机来让人们相信这是真的，再加上传统上"宁可信其有，不可信其无"的金句作怪，导致很多人把没有科学依据的东西奉为圭臬。

当然，我们经常说要用科学或者科普来打击谣言的生产与扩散，而从谣言本身的生产和传播机制来说，我们要做的远远不止于"辟谣"，更重要的是根除谣言和流言存在的土壤或者说生态。"当真相还在穿鞋的时候，谣言已经跑遍了半个世界。"因为辟谣工作往往是发生在谣言产生之后，往往有"亡羊补牢"之感，而也有研究表明，如果在辟谣的过程中，首先重复谣言的内容，这反而会加深目标受众对谣言的相信程度，因为这时"首因效应"便发挥了作用，而且谣言之所以能够吸引人们的关注，是因为新奇性和爆炸性是它的"噱头"，而辟谣本身则是"过了时的信息"，这便是辟谣的艰难之处。此外，与谣言利用人们的心理钻空子不同，辟谣往往要以科学为依据和基础，但是不是基于事实和逻辑所形成的观点并不会被事实和逻辑所改变。正如《庄子·逍遥游》所言："瞽者无以与乎文章之观，聋者无以与乎钟鼓之声。"所以就此而论，要让科学打败谣言不能仅仅寄希望于辟谣工作。

一段时间以来，我们一直在倡导科普要从知识补课转向价值引领，个人理解，其中一部分原因也在于我们要让公众养成良好的科学意识，而不仅仅是掌握一些碎片化的知识。尤其是在社交媒体时代，人们获取知识和信息的途径越来越便捷，毕竟"吾生也有涯，而知也无涯。以有涯随无涯，殆已"。而且获取与辨别以及使用之间是存在着一定的差异的，因而我们不能仅仅停留在让受众"眼睛会了"的状态之中。

让科学跑赢谣言，不仅仅要加强辟谣工作，科普工作更要走在谣言的前头。结合大数据、人工智能、云计算等先进技术预先研判谣言产生的趋势，并且有针对性地开展科普工作，加强科学内容的供给，将关口前移，从而构筑起科学的"防火墙"，这就好比应急科普需要前置一样，进而避免热点和焦点事件发生后出现的盲从与跟风，减少谣言传播的可能性。

让科学跑赢谣言，还要提高公众的科学素养，在传播科学知识的基础上更加注重科学理性和科学精神的养成和弘扬。构建大科普格局，提高目标受众明辨是非、去伪存真的能力；降低人们被情绪而非事实所左右的可能性，提高区分事实和观点的能力；让受众明白相关并不等同于因果，或者说"在此之后"并不等于"由此之故"；加强权威科普平台的建设，集成优质科普资源，持续不断地为受众供给接地气的科学内容。同时也要传播一些便于理解和操作的"小窍门"，比如前文提到的顺口溜，以及"如果某些东西好得或者糟糕得不像是真的，那它很有可能就不是真的"，等等。

让科学跑赢谣言，也需要相关平台承担起必要的责任。对于一些流言和谣言呈病毒式传播的问题，相关平台也具有不可推卸的责任，平台应该加强科学内容的审核，要采取必要的措施限流或者下架假借科学之名传播的非科学内容，不能过度依赖算法而轻视人工审核。此外，各平台也要加强与科学共同体的合作，聘请热心于科普事业的科学顾问，提高审核人员的科学素养。

第 13 章

科普也有伦理问题吗？

精明的人是精细考虑他自己利益的人；智慧的人是精细考虑他人利益的人。

——雪莱

有两事充盈性灵，思之愈频，念之愈密，

则愈觉惊叹日新，敬畏月益：头顶之天上繁星，心中之道德律令。

——康德

● ● ●

2020 年 9 月，中国自然科学博物馆学会在江苏常州召开了"中国自然科学博物馆学会 2020 年年会"。会上，由中国自然科学博物馆学会、中国科普作家协会等五家单位联合发布了《科普伦理倡议书》。

《科普伦理倡议书》面向全国广大科普工作者，分别从"坚持科技向善的价值导向，秉承公平普惠的科普理念""坚持平等友善的态度，尊重生命尊严""坚持科学性原则，鼓励科普原创""坚持开放发展的视野，增进国际交流"等四个方面发出倡议。倡议书呼吁科普工作者秉持科技向善、科普向善的价值追求，坚持科普"以人民为中心"的初心，更好地面向公众开展科普，促进科普工作服务于国家发展和人民幸福生活，并针对这一目标呼吁科普工作者主动提升科普质量、承担社会责任的使命担当。

2022 年 3 月 20 日，中共中央办公厅、国务院办公厅印发了《关于加强科技伦理治理的意见》，明确了增进人类福祉、尊重生命权利、坚持公平公正、合理控制风险以及保持公开透明等方面的科技伦理原则，同时也要求深入开展科技伦理教育和宣传。

科普是科技工作的一个重要组成部分，在开展科普工作的过程中，也应该履行相应的科技伦理。既然已经在更高层面上有了关于科技伦理的规范性文件，那么是否还有必要专门针对科普设定伦理规范呢？

应该说，思考与科普有关的伦理问题时，我们不能脱离科普的本质，这其中就包括科普的核心问题是传播什么（内容问题）、向谁传播（受众问题）、什么时候传播（时机问题）、用什么传播（媒介问题）、怎么传播（策略问题），实际上，这个过程的各个环节都不能离开伦理上的考虑。

时机的重要性

2010 年 11 月 1 日，时任中国科协主席的韩启德院士在第十二届中国科协年会开幕式上的致辞中谈到了一个问题，他说：

"我看过一组数据：以自然科学家作为消息来源的报道，在政治性媒体上只占到 3.5%，在公共网络论坛上只有 3.2%，在新闻媒体上占的比例稍高，但也仅为 13.3%，全社会为之轰动的奶粉三聚氰胺事件发生时，在公共网络论坛上，自然科学家作为消息来源的竟然为 0！也就是说，当最需要科学家讲话的时候，在媒体上缺乏我们的声音，这样的情形是非常危险的。我们科技工作者应该主动加强与大众媒体的沟通合作，及时在媒体上用科学知识引导公众正确理解与社会热点、焦点问题相关的科学道理。"

于是，从 2011 年起，中国科协开始组织"科学家与媒体面对面"活动，其目的就是要充分发挥科学共同体、全国学会和大众媒体的作用，结合社会热点、焦点开展科普，建立一个科学家与大众媒体广泛沟通的渠道。该系列活动主要是针对当前的社会热点议题，及时组织科学家做出回应，通过媒体发出科学、理性的声音。

虽然如今我们进入到了社交媒体时代，科普的情境也发生了巨大的变化，"科学家与媒体面对面"活动也因形势的发展而停止了，但是我们依然需要科学家在社会热点议题发生之后第一时间对其进行权威解读，回应社会关切。而如果科学家的声音缺位，那么就会给非科学和伪科学以可乘之机，当然这其中牵涉到应急科普的问题，也关乎开展科普的时机问题。

这里我想起一个故事。

在组织了"科学家与媒体面对面"系列活动一段时间之后，我们开展过一次媒体记者的座谈会。

会上某位记者讲起了一段往事。

他就一个突发社会热点话题联系了某位科学家，希望能给出权威的解答。

但是，这位科学家婉拒了。

后来，记者辗转找到了另外一个科学家，采访顺利完成了。

只不过稿子发出来之后，那个拒绝了采访的科学家联系到记者，说稿子里另外一位科学家的解释是错误的。

记者当时跟那位科学家说的是，"那你当时干什么去了。"

现在回想起来，这就是科学家没有把握住开展科普的时机，而"事后诸葛亮"的做法，一方面于事无补，另外一方面也给记者留下了不好的印象。

俗话说，时不至，不可强生；事不究，不可强成。

2019 年，法比安·梅德韦茨基和琼·利奇出版了一本名为《科学传播伦理学》（*An Ethics of Science Communication*）的专著，这是第一本专门论述科学传播伦理的专著，她们从科学传播的角度探讨了知识是否越多越好，我们是否需要去刻意地关注无知与忽视的问题，同时也借鉴了其他领域的伦理，尤其是新闻伦理和公共关系伦理，来界定科学传播的伦理。这本书从伦理为何重要、专业实践，以及案例研究三大部分论述了科学传播的伦理问题。特别是，作者们认为，科学传播面临的挑战恰恰在于传播者队伍的壮大、受众的多元、科学内容的丰富等，而这也是需要提出伦理问题的首要动因，其中最为重要的是，他们提出了科学传播与时机的关系问题。

说到开展科普的时机，人们最先想到的可能就是应急科普了。

在热点事件发生之后，公众对于科学知识的渴望处于"饥渴"状态，如果我们无法满足公众的需求，就可能会出现盲从的现象，甚至给一些非科学和伪科学提供可乘之机。同时，应急科普能够抓住公众急于获取科学知识的有利时机，更好地实现应有的效果，同时在特定情况下，公众获取知识的效果也是最好的。一个非常恰当的例子就是当年日本福岛核事故之后，出现的抢盐风波，这在一定程度上反映出了科学内容没有及时供给，科学界没把握住开展科普的时机，当然这一事件的发生还有其他因素的作用。

正所谓"机不可失，失不再来"。做好科普不能错失良机。

人们可以无知吗？

很多从事科普的人往往持有这样一种执念，那就是向受众传播知识是为受众好，毕竟"知识就是力量"。但是人们是否可以保持某种程度的无知呢？因为在当前的时代背景下，任何一个人都不可能掌握所有的知识，哪怕是一个二级学科之下的某一个具体领域的所有知识。

一直以来，公众的无知被认为是科普效果不佳的罪魁祸首，所以科普就是要让公众摆脱无知的状态。在这个逻辑指导下的科普自然而然地落入努力增加公众的知识，或者说用科学知识去填补这种无知的"空瓶子"的窠臼，这种做法被一些理论家冠以"缺失模型"的称号。这其实是一种灌输。这也就意味着，对于从事科普工作的人来说，把知识传递出去就是有效的，但这忽视了另外一个维度，那就是知识越多必然越好吗？赵本山和范伟的经典小品《心病》中有这样一句台词，"知识都学杂了"。相较于学杂了的知识与无知，哪个更好呢？当然这里所说的无知并不是刻意的。如果我们用一个平面直角坐标系来划分的话，人们大概处于四种状况之中的一个，那就是知道自己知道，知道自己不知道，不知道自己知道，不知道自己不知道。

同样在法比安·梅德韦茨基和琼·利奇的专著《科学传播伦理学》一书中讲过这样一个案例。身体健康的詹妮佛因为自己的祖母在年轻时死于乳腺癌，所以她决定去检测已知会增加这种疾病风险的两个基因。一个基因顾问建议她也检测一下与各种癌症相关的 20 个其他基因。检测结果"很离奇"。她的乳腺癌基因没有变异，但是在一个与胃癌存在较高风险的基因上存在着变异，但是她并没有家族遗传史。而在有这种疾病家族史的人群中，那种变异被认为是非常危险的，所以没有生病的患者也往往会被建议做胃切除手术。因而詹妮佛不知所措。

传统上，我们认为，知识本善，知识越多越好，为了知识而学习知识是值得的。不仅知识是好的，而且追求知识也同样是好的。我们应该把追求知识作为我们所从事的最有价值的事情之一。相反，无知是不好的，知识让我们摆脱了无知的枷锁。学识渊博是好的，而愚昧无知则是不好的；学识渊博是合乎道德的，保持无知则是不道德的。但是从上述詹妮佛的故事中，我们可以发现，情况似乎并不如此，因为有些知识对于某些人来说并不是必须要掌握或者理解的，甚至反而还会增加人们的认知负担，给人们带来困扰。这是一个科普过程中需要考虑的伦理问题，因为科普不是"我不要你觉得，我要我觉得"。

当然，这不是在此否定知识的价值，因为"知识的力量不仅取决于其本身价值的大小，更取决于它是否被传播以及传播的广度和深度"。但是我们不能忽视的一点是，知识只有在所需之人的身上才能发挥它应有的力量和价值，或者说知识发挥作用需要恰当的情境和必要条件。如果"所托非人"，那它必然无法发挥作用。这也是我们一再强调科普要搞清楚目标对象的原因所在，如果目标对象不明确，这样的科普也难以发挥作用，甚至无异于"盲人骑瞎马"；而且搞不清楚科普的目标对象，实际上这也是一种科普伦理的违背，造成了传授双方的错位，也浪费了很多社会资源。

有学者提出一个叫作"知识的诅咒"的术语，此外还有一本叫作《知识的错觉》的著作，实际上，把二者放在一起进行对比会更有意思，因为"知识的诅咒即我们倾向于认为吾之所想即人之所想。在知识的错觉中，我们倾向于认为人之所思即吾之所思"。从这两个词语所隐含的哲理来看，科普伦理的问题也暗含其中，毕竟"子非鱼，安知鱼之乐？子非我，安知我不知鱼之乐?"。简单来说，就是不能"以己度人"，而要"欲人之从己也，必先从人"，积极倡导负责任的科普。

在自媒体时代，科普的伦理问题尤其需要关注，回到詹妮佛的那个故事，这至少在一定程度上敦促我们去思考知识是否多多益善。我们经常会在各种微信群中或者朋友圈中看到分享科学相关讲座的链接和消息，但是很多内容实际上并不能算是普适性的，只是针对特定用户群体的，那么这样的内容是否需要所有人都去关注，去了解？比如，针对某种特定疾病及其治疗方法的宣讲。我们是否也陷入到了知识的错觉和知识的诅咒这两个"陷阱"之中难以自拔？

因而，有必要把科普伦理问题或者说科普伦理的原则，作为开展科普实践和研究工作的一个重要内容贯穿始终。一方面，向科普从业者传播扩散科普伦理的有关内容；另外一方面在科普工作过程中践行科普伦理。同时，我们也为从"知识补课"转向"价值引领"找到了另外一个视角和维度。

错误的科普与不科普哪个更好?

著名的地质学专家、中国科学院院士刘嘉麒曾在一篇有关科普的文章中提出了一个论点，那就是科学性是科学普及的灵魂。他认为，"科学性是科普作品的内涵，是科普的灵魂。如果科学性出了问题，即使表现手法再好、艺术性再高、趣味性再强，这样的作品也是不合格的，甚至具有欺骗性。"也就是说，科学普及首先要把科学性放在第一位，当然这里的科学性不仅仅是科学知识，还应该包括科学精神，科学思想和科学方法等。而如果丧失了科学性就会导致"有普没科"的问题，当然这也是"科普"一词的泛化所带来的问题，比如我们经常可以在网络上看到本身跟科学（以及社会科学）并不强相关的话题（比如明星的穿衣搭配）被贴上了科普的标签。

在 2021 年的一次以"面向'十四五'的科学传播能力提升"为主题的科学传播专家团队高级研修班上，妈咪说科普创作人周哲提出了一个科普的"不确定性原理"，他认为做科普既要保证通俗，更要尽量严谨，需要在二者之间寻求某种平衡，不能顾此而失彼。就像有人对科普书的评价一样，"科普书很难写，往往会在对普通读者的晦涩与对专业背景读者的无聊间摇摆。"他仿照量子的不确定性原理公式杜撰了一个科普的不确定性原理公式，即$\triangle$通俗$\triangle$严谨$\geqslant C$。

之所以提到上述两个例子，是想在这里讨论一个问题：错误的科普与不科普，哪个更好？

直白地说，科普就是利用各种传媒手段以浅显的、通俗易懂的方式，让公众接受自然科学和社会科学的知识、推广科学技术的应用、倡导科学方法、传播科学思想、弘扬科学精神的活动。实际上，科学普及是通过社会教育的方式使得科学技术大众化、社会化。或者我们说科普就是为了提高公民的科学素质，但是如果科普没有弘扬科学精神，没有彰显科学思想，没有倡导科学方法，没有传播普及正确的科学知识，那么这样的科普就是错误的，不仅不利于公民科学素质的提升，还会起到相反的效果。因为我们都知道，人们在看待问题上具有先入为主的倾向，而一旦这种倾向变成了心中的立场和固有认知，并且依赖某些信息对这些立场进行了强化之后，再次扭转将会十分困难，甚至有可能引发所谓的"逆火效应"。

我们偶尔也会在网络上看到有些对错误的科普进行批评驳斥的文章，而且相信我们很多人也亲身经历过一些错误的科普，比如 1854 年，7 岁的爱迪生为了帮助妈妈做阑尾炎手术而想出了用镜子聚光的办法（而实际上 1886 年才有了第一例阑尾炎手术），再比如牛顿因为落地的苹果砸到了自己的头而灵光乍现，进而发现了万有引力定律。

这样的例子应该不少。

虽然我们说科学需要讲故事（后面章节会专门论述这个问题），但是科学故事不应该是臆想或者杜撰的，而应该是有科学史实依据的，否则就会给受众造成很多"意外"的结果。还用牛顿为例，这样的故事往往会让人们觉得科学发现完全依靠"灵感"，而忽视了这些人背后所付诸的辛勤和汗水。虽然爱迪生说过，"天才是 1% 的灵感，加 99% 的汗水。"但是如果没有付出辛勤的汗水，而只靠灵感也未必能获得"真知灼见"，因为很多科学发现往往是在付出汗水的过程中而出现的"剑走偏锋"。

这里我们不妨再次回到周哲提出的科普的不确定性原理。虽然我们在从事科普的过程中要做到通俗，但是这绝不意味着为通俗之目的而丧失严谨性之要求和精神。

当然，这也对科普从业者提出了更高的要求。正所谓"弱水三千，只取一瓢"，科普从业者应该具备扎实的知识基础，广阔的视野，历史的纵深。

总之，错误的科普不如不去科普。

科普，没有最好，只有更好！

实际上，科普从业者在传播过程中要承担道德义务，要确保科技向善，避免主体责任的缺失，以实现良性传播，传播符合人性的、人文化的科技，把科技伦理作为公众科学素质的一个重要方面。换言之，不能以科学之名传播伪科学和非科学。而且在传播过程中也涉及传播主体的选择性，这实际上也是一个伦理议题，因为所有的传播都会涉及框架和议程设置。另外，从传播主体来说，行为选择也夹杂着伦理上的判断，因为作为科学知识生产和传播的人员，在生产科学内容时必然会涉及修辞选择、论点组织、语言建构以及关键术语、参考文献、表格和图表选择等，这些选择也均受到其目的的影响，同时也影响着受众的接受程度。

科普过程中要保证科学成果信息的真实性与透明性，客观公正地传播科学成果的价值和社会影响。具体而言就是，对于科学成果的价值评价要客观中肯，不可过分夸大和断章取义；科学共同体在传播科学时还要客观公正地传播科学成果的社会影响和后果；在对有些科研成果进行转化传播的过程中，要披露存在的利益冲突问题。负责任的或者说符合伦理的科学传播，一定要尊重公众实际的理解能力，与公众进行平等的对话与交流。

  在将科学内容向公众传播的过程中，各个环节都涉及伦理的因素，如何在实践的过程中把有关伦理的要素纳入进来，如何让科普在符合伦理的基础上达成有效的结果，都是我们从事科普理论与实践的相关人员急需思考和践行的一个重要议题。

第14章 科学家与媒体的『相爱相杀』

谁控制媒体，谁也就控制了思想。
——吉姆·莫里森

媒介即信息。
——麦克卢汉

面对媒体要比给麻风病人洗澡还困难。
——特蕾莎修女

· · ·

如果你是一个媒体从业者，相信你一定会在某些场合下跟同行甚至是科研人员抱怨某些科研人员不配合媒体报道，他们不会讲故事，不知道哪些东西是媒体最关注的，甚至在回答媒体采访的时候用大量的专业术语……

如果你是一个科研人员，相信你一定会跟同行甚至是媒体朋友抱怨某些记者不理解科学，在媒体报道中往往会断章取义，脱离情境的引用，夸大其词……

如果你是一个普通公众，相信你一定会在某些媒体平台上看到过专家一会建议这个，一会又建议那个，甚至你还参与了＃建议专家不要建议＃这个话题的讨论，更有甚者，你可能也会在心里诋毁某些所谓的"砖家""叫兽"……

实际上，这体现了科学家与媒体之间的某种张力。

在如何看待科学研究和科研结果方面，科学家和记者有着不同的视角和看法。

记者希望科学给出答案和确定性，而科学主要是对它试图回答的事情提出疑问和问题。记者在一个故事中首先要寻找的东西是一种情感，而科学家认为越中立越好。记者寻找的是结果，即使这个结果只是部分的或者暂时的，科学家很少会离开实验室并惊呼"我找到了"，并且他们希望谨慎行事。记者喜欢就做出革命性发现的单个科学家进行报道，而科学家把科学看作是一项累积的协作的事业。记者寻找的是争议,科学家寻找的是共识。记者通常匆匆忙忙,因为他们有严格的截止日期,并且要使报道符合他们拥有的空间和版面,无论如何他们都要带回结果。科学家按照研究应有的速度在开展工作,他们可以获得(并且经常获得)消极的结果。

因而我们经常看到,在媒体报道中今天专家建议每天一杯红酒可以有助于降低心脏病的风险,明天又说这样做会增加罹患心脏病的概率,当然这跟本书前面提到的不确定性有关,但是这其中一定涉及某些程度上的断章取义。

从研究的视角来看,科学家与媒体的关系被放到了一些对立的框架下,包括距离、隔阂、障碍、水火不容等。而在这个创造性张力的框架下,科学家和媒体之间也偶尔会彼此抱怨,科学家认为媒体不精确,追求轰动效应,结果导向,甚至有时候是持反科学的观点等。而媒体则认为科学家语言不平实,过多地采用专业术语,不单刀直入地提供答案,等等。

而要理解这种张力是如何产生的,我们就需要回顾一下有关科学新闻和科学报道的简史。

科学新闻简史

科学新闻出现在大众媒体中的历史和这些媒体渠道存在的历史一样悠久,不过有关科学新闻发展史的论述大多是从 19 世纪晚期开始的。

19 世纪末期,(加拿大的)经济开始繁荣,媒体开始逐渐地对科技进步感兴趣;日报和期刊开始发布近期的科学突破、新知、工业上的技术进步以及日常生活的改善等。同时科学机构的发展以及交通和通信手段的改善都促进了媒体对科学兴趣的提升。

同一时期,以美国为代表的西方国家的科研人员意识到他们需要把自己的知识传播给广大公众,同时也需要获得广大公众的支持,因而这一时期的科学传播在一定程度上与科学新闻是一致的。比如到 19 世纪晚期,美国已经出现了几本科普杂志，其中比较优秀的包括《科学美国人》（*Scientific American*）和《大众科学月刊》（*Popular Science Monthly*）。

但是，随着科学的专业化和科学家的职业化，科学发展出了自己的学术规范、语言，科学家也走进实验室开展非"兴趣"之外的科学研究，科普在科学家的"核心业务"中变得不那么重要了，甚至一些科学家和科学共同体把向"外行"普及科学知识看作是"不务正业"。在这种情况下，科学记者这一职业的出现弥补了科学家无暇开展科普的情况，他们成为了衔接科学与社会关系的桥梁和纽带，成为了科普的"二传手"。

但是在第二次世界大战以后，随着人们开始反思科技发展所带来的负面效果，比如环境污染，科学记者的作用开始转向对科学技术的批评和评论。科学新闻更多地着眼于伦理争议和专业知识的局限性。虽然一些新闻报道颂扬科学对社会和经济发展的贡献，但是讨论经济社会进步所带来的风险以及解决潜伏于科学家所知的或者应该知道的危险的报道变得更加普遍。1917 年科学作家迪姆斯·泰勒就说报纸强调的是事件的争议性方面，比如科学会议，因为"没人对化学有强烈的兴趣，但是每个人都喜欢争吵"。这也印证了科学新闻向评论转变的趋势。

无论文，不新闻

作为记者这个职业的一个子类型，科学新闻记者除了遵循科学研究的基本原则外，还要有新闻报道的一些原则和规范。在这方面，科学界达成的共识是：科学共同体没有达成共识的话题是暂时不宜拿来传播的，换句话说就是，只有在主流科学期刊上以论文形式发表的成果，才会拿来与媒体交流，这也成为西方科学新闻界遵循的科学新闻传播的基本理念，一是"没有论文，就没有新闻"（No paper，no news），二是限时禁发（embargo）。同时，科学新闻记者在报道科学话题的时候也尽力确保客观性和平衡性，并作为正确性的一种替代性补偿。因为如果科学新闻记者无法确定某一争议性领域（如转基因话题）谁说的是真相的时候，最好的办法就是保证其平衡性。"在一个科学新闻记者无法决定什么是真实的世界里，客观性就要求这个记者进入'中立的传播者'模式，并且不仅聚焦于正确性，而且要关注精确性。也就是说，不是判断一个真实的主张的正确性，科学记者应该专注于在他的报道中精确地呈现这种主张。"

随着公众获取科技信息的渠道越来越多元，传统媒体中科技新闻板块甚至是整个科技新闻在一定程度上出现了下降的趋势，比如 1989 年美国每周有科学报道的媒体达到 95 家，但是仅仅 3 年之后，这个数量下降到了 44 家，随之出现的是科学板块的减少和压缩，这不仅体现在数量上，还体现在篇幅上，特别是那些小报，到了 2005 年，仅存 24 家。2009 年 CNN 更是解散了其整个科学和环境报道团队。从国内的情况来看，1993 年创刊的《大众科技报》在并入《科技日报》后也逐步取消了名称，2017 年 9 月，《科技日报》管辖的《科技文摘报》更名为《科普时报》，并正式发行。另据中国科技新闻学会科技报分会提供的信息，目前全国共有科技报 40 种左右。有学者认为，近年来，我国的科学新闻业现状并不令人乐观，大众刊物中发表的科学报道数量一直减少，很多科学媒体发行数量锐减，新闻单位内部致力于科学新闻事业的部门不断缩减，很多科技专栏也被取消。

但是不可否认的是，科学论文与新闻报道的衔接仍然是科学新闻的主要来源，虽然有些学者研究表明，本国的科学新闻很大程度上是援引自欧美等国家的科学报道，但是即使是这些援引的报道也大多是科学论文转化的科学报道。同时在科学新闻的生产方面，国外具有一定成熟的经验，比如美国有一套 EurekAlert! 系统，每天都会向免费注册的记者们提供 30～40 篇各种科技期刊即将发表的重要论文的新闻稿，欧洲则有类似的 Alpha-Galileo 系统，主要刊载欧洲科学家科研论文的新闻稿。

在促进科研论文与新闻报道的衔接方面，中国科协也曾开展过类似的实践。2007 年 1 月 29 日，中国科协发布《中国科学技术协会关于建立中国科协科技期刊与新闻媒体见面会制度的通知》，开设了中国科协科技期刊与新闻媒体见面会制度。该活动将发表于学术期刊中的原创学术论文所反映的自然科学、工程技术、生命科学和医学以及其他学科的科学发现、最新研究成果，改写成科技新闻和科普文章，经过专家评审后，以科技期刊与媒体记者见面会的形式，推介给大众媒体刊载。"学术期刊从专业的角度推荐最新、优秀的论文材料，媒体运用平民化的语言将这些新成果介绍给大众，让科技成果真正惠泽于民。"

你想采访我？

如今我们置身于一个信息爆炸式增长的时代，每次当我们打开微信朋友圈，微博，又或者是抖音、快手、哔哩哔哩、小红书等视频网站时，我们都与大量的信息擦肩而过，而其中就有一些科学新闻，这些内容除了有些是媒体平台发布的之外，还有一些是科研机构发布的，以及一些是自媒体从业者发布的，因而可能会有人提出这样一个疑问，那就是自媒体时代，我们还需要科学记者吗？或者说科学新闻的概念是不是越来越边缘化和模糊化了？

实际上，越是在这样的情况下，我们越需要科学记者和科学新闻，因为对于普通公众而言，在各种信息充斥的网络环境中，那些"靠谱"的科学新闻才能够真正满足他们的需求，也才能够有助于提升科学理性，客观地看待身边的各种现象，当然也需要提高科学记者和科学新闻从业者的科学素养，因为这个群体是连接科学与社会和公众之间的桥梁与纽带。

无论是访后撰写的科学报道，还是科普图文和科普视频，科研人员都是内容的第一源头，而这些往往要依赖于采访而产生，那么接受媒体采访所需要的技巧就变得异常重要。

对于如何接受媒体采访，各方专家和从业者都给出了许许多多中肯的建议，甚至这些建议罗列起来的话可能会比本书的篇幅还要长。此外还有很多专著论述了科学家如何与媒体打交道，比如《科学家同媒体"打交道"指南：来自科学家关怀联盟的建议》《科学家传播能力指南》《科学新闻导论》等，纵观这些著作和论述，我们也可以发现一些大家一致推荐的建议和技巧，因而接下来我们提纲挈领地梳理一些具有共识性的建议，以供接受媒体采访的科研人员参考。

第一，你是主角。无论是在采访之前还是采访过程中都要采取主动。首先咨询下记者对要采访的话题有多少了解，他想就哪些方面进行交流，媒体报道的目标对象是哪些人，希望采访的时间节点是什么，等等。而如果你不是最合适的人，可以给对方提供一些其他专家资源。

第二，不要不懂装懂。围绕中心议题适时采用"三的法则"，不要肆意发挥，脱离主题。如果某个问题你并不知道答案或者不是你自己专业领域的问题，那就直接回绝，不要推测，不要顾左右而言他，因为你的回答会出现在最终的报道里，而记者的问题则未必。

第三，言简意赅。即便是专访，也建议不要长篇大论，因为对于一次采访来说，真正能够出现在报道中的往往是一些金句，或者是印证记者预想的某些答案，尤其是在音视频媒体中，你能获得的最多时间也就是45秒。如果你不相信这一点，那不妨打开电视看看其他人接受采访的镜头。

第四，少用或者不用专业术语。要用通俗易懂的语言解释科学，如果必须使用术语，一定要解释。因而有必要利用类比和比喻等方式，可以从体育、园艺、汽车、音乐或者生活场景中的其他方面借用一些形象来进行对比。

第五，正确认识媒体。媒体报道需要专家支持，专家的一些观点和学术内容也需要通过媒体对外进行传播，因而双方不是彼此对立的敌人，而应该是为了一致的目标共同奋斗的伙伴或者朋友。科研人员需要了解媒体，而了解媒体的最佳方式至少应该包括经常看媒体报道。

第 15 章

如何写一篇精彩的科普文章

学问有利钝，文章有巧拙。
——颜之推
文章本天成，妙手偶得之。
——陆游

· · ●

　　一提到科普，很多人首先想到的是文字形式的科学内容，包括科普文章，科普图书等，虽然如今我们身处一个社交媒体时代，越来越多的人会利用碎片化的时间通过短视频等方式了解科学，但是科普文章以及科普图书依然是传播科学的重要途径之一。

　　科普文章就是把已有的科学知识、科学方法，以及融于其中的科学思想和精神，通过文字的方式表达出来，而使之为读者所能理解的一种文本。科普文章往往有着宏观叙事的风格，即以科学发展的宏观脉络为基础，告知读者科学界的主流观点，它是一种以科学技术知识为题材，用文艺性笔调写成的文章。

　　科普写作是传播科学的重要方式，是提高全民科学素养的有效手段，是培养行业文化土壤的有力措施，也是提高学科学术水平的通幽曲径。

　　那么，我们该如何写一篇绘声绘色的科普文章呢？

从科研论文到科普文章

　　科研论文是科研人员智慧的结晶，而科普文章在很大程度上是科研论文的一种延伸，也就是对科研成果进行科普化的解读，甚至当前有些学术期刊都要求作者在提交论文的同时要提交一篇所谓的"科普摘要"，其实也是某种形式上的科普文章。

　　科技期刊是科研人员与同行交流科学进展与科研成果的重要平台，英国皇家学会的《哲学会刊》与法国的《学者杂志》被公认为是世界学术期刊的鼻祖。同时，学术期刊上刊载的科研成果也是媒体记者报道科学话题以及撰写科普文章的重要新闻线索，比如我们经常看到媒体报道刊载《自然》《科学》《细胞》等顶级学术期刊上的科研成果。

　　科技期刊是科研论文发表的重要渠道，"不发表就出局"是科研人员奉为圭臬的一句名言，这也促使着从事科学研究并产生一定科研成果的科研人员竭尽全力将自己的科研成果发表在影响力较大的科技期刊之中，一是为了获得成果的首发权，另外也有助于扩大自身科研成果在同行中的影响力。但是如果从传播的角度来说，科研成果的发表并不是传播的终点，而应该成为传播的起点。因为优秀的科研成果只有得到广泛的传播与扩散，才能真正地发挥出巨大的"力量"。如果不将优秀科研成果转化为科普文章，其影响力往往仍然局限于科学研究大同行之间，这在某种程度上来说限制了其"力量"的发挥，也不利于科研成果的传播与扩散，于是有人将这种做法称之为"论文科普化"。

　　科研人员是科学知识、科学方法、科学思想和科学精神的发现者、生产者、创建者。他们被形象地称为"科普的第一发球员"。而科研论文这种科技产出资源则是科学知识、科学方法、科学思想和科学精神的集中体现。从另外一个角度来说，科研论文是科学新闻的一个重要源头，而科学新闻则是科学普及的重要内容和载体，科技期刊上公开发表的科研论文一直是科学记者重要的选题来源。优秀的科研成果应该成为科学普及的重要内容来源。虽然部分公众也从科学期刊上获取科技信息，但是历次的公众科学素质调查均显示，绝大多数公众仍然是通过大众传媒渠道来了解和学习科学有关内容的，如 2018 年，我国公民每天通过电视和互联网及移动互联网获取科技信息的比例分别为 68.5% 和 64.6%，每天通过期刊杂志获取科技信息公民的比例仅 5.9%。这也就要求科研人员应该把科研论文转化为科普文章，通过大众传媒渠道进行传播。虽然媒体报道科学的形式不断丰富，但科技期刊在公众科学传播中发挥的源头作用却并未被改变，而科技期刊之所以能够发挥这样的作用，其原因也在于科技期刊上刊载了优秀科研成果。

除了科研论文能够为科学普及提供重要内容之外，通过将科研论文转化为科普文章也能够给科研论文本身，刊载科研论文的期刊以及科研人员带来益处。因为大众媒体对于科研论文内容的报道以及基于科研论文改写而成的科普文章可以提高该论文的被关注度和被引用率。例如，《新英格兰医学杂志》发表的一项以 1978—1979 年该刊发表的论文为数据进行的研究发现，如果该刊的某篇论文被《纽约时报》报道，一年内它被引用的次数将增加 72%。一项研究对比了英国和意大利报纸对以英文发表的科学论文的报道后发现，如果一篇论文被英国报纸报道，其总体的引用数会提升 63%，被意大利报纸报道，总体引用数则会提升 16%。当然，上述经典研究仅仅局限于传统媒体阶段，在新媒体日益勃兴的情境下是否也存在这样的效果呢？2018 年，一些生态学家通过推特验证了在新媒体平台上传播他们的研究发现是否会带来科研成果的高引用率，结果发现，二者之间也存在正相关关系。

在科普领域，有专家提出这样的观点：没有传播的研究是未完成的研究，这或许同"不传播便出局"有异曲同工之妙。近年来，国内很多专家学者也在不同的场合呼吁，每一篇科研成果都要附带有科普文章。

当然，把科研论文转化为科普文章并不是一件容易的事情，因为科普文章不是科研论文的简化版，相信各位一定看过"有科没普"的科普文章。这样的文章外行依然看不懂，内行也觉得写得浅。

如果说科研论文有自己的套路（也就是所谓的 IMRAD——分别对应引言、方法、结果与讨论），那么从科研论文转化而来的科普文章也应该有自己的模式，也就是所谓的倒金字塔结构。

简单来说，就是与科研论文的结构相反，直接把最重要的研究结论放在开头的导语部分，解释谁在何时于何处做出了什么成果，接下来扩展导语中提到的一些事实，最后给出情境，描述一些背景和相关的事实。

隐喻的使用

科学是靠专业语言而蓬勃发展起来的，其中就涉及各种专业的术语，而且很多术语是专业人员之外的公众无法理解的，比如"基因表达"，但是对于科普来说，我们需要用普通公众能够理解的语言来解释科学，毕竟科学语言往往局限于科学共同体之内，所以我们经常说在做科普的过程中要尽量减少专业术语，如果一定要用，那最好对它进行一些解释。

对于解释来说，一个十分重要的工具就是隐喻，隐喻是用一个词语或者一种表达来取代另一个词语或者另一种表达以提供直觉类比的一种修辞手段。

当要描述的某种现象无法用同日常经历相关的词语或者例子进行描述的时候，隐喻就变得特别有用了。比如，当解释有关阻止肿瘤中新的血管形成的研究时，你可以说"切断供应"。原子核也变成了"小球"。猎物和捕食者之间的协同进化被描绘成了一种"军备竞赛"，把对抗疾病隐喻为战争，把细胞工作方法隐喻为工程，把大脑隐喻为计算机。再比如，为了解释 DNA 中一个分子的大小，我们同样可以采用隐喻的方式，即如果该分子被放大 10 亿倍的话，那么它的大小就相当于一个高尔夫球了，而人类基因组工程的总长度会达到 8 万千米长，大约相当于地球经线的两倍。

实际上，在主流科学语言中，隐喻也往往有自己的一席之地，比如进化生物学中用到的"红皇后假说"或者"自私的基因"等。

一般来说，隐喻是十分重要的社会标准，它就像桥梁一样，使得把新的观念插入到社会的认知领域中成为可能；隐喻可以让复杂的科学变得简单，或者可以抓住某些东西的本质，而不需要冗长且事无巨细的解释，甚至有研究人员将隐喻看作是一种"原力量"。但是，在撰写科普文章的过程中，对隐喻的使用也要适度，否则会过犹不及。因为过度地使用某些隐喻会让它们主导我们的思维，并且可能会让其他更精确的说法和解释变得难以接受，进而影响科普的效果，从这个角度来说，隐喻不能换来换去。

不过，可能有科普从业者会认为隐喻在某种程度上会丧失掉科学性，实际上我们更应该强调科学性，否则就是"有普没科"了，正如刘嘉麒院士曾经主张过的那样，科学性是科学普及的灵魂。因为，如果你不能让自己的信息科学精确，那么所有最佳的科普理论、实践以及支撑可能都是一种错配。不过我们可以换个角度来思考这个问题，我们是选择绝对科学但是没有普通公众能够明白的科普，还是选择科学性上没有硬伤但是公众却轻松易懂的科普。换句话说，在科研中我们不会偷懒把小数点后十位只写到第九位，但在科普中，受众可能只在乎整数是多少。可能绝大多数人会选择后者，毕竟科普的目的就是要把科学传播和普及出去，而隐喻的使用则有助于实现这个目标。

科学作家莫·康斯坦迪（Mo Costandi）认为，当隐喻和类比让一个棘手的概念变得更易于理解时，它们可能是最有效的。起初是影视明星，而后到纽约州立大学石溪分校（Stony Brook University in New York）建立艾伦·艾尔达科学传播中心的艾伦·艾尔达也认为，在不降低科学难度的情况下是可以传播科学的激动人心之处的。但如果想要开发出更精确的隐喻和类比来解释科学的话，那我们就需要对正在说的东西有透彻的理解。这也印证了阿尔伯特·爱因斯坦所说的那句话，"如果你不能用简单的语言来解释它，那说明你没有完全地理解它。"而在解释的过程中，隐喻的使用可能会起到事半功倍的效果。

对隐喻的使用要遵守几个原则，包括要从受众的角度出发，为要传播的想法或者理念找到恰当的隐喻；在使用的过程中不能做出价值判断，而是要通过隐喻来帮助受众理解科学发现，而非只是试图说服他们要相信什么东西；隐喻的使用不能与文化习俗等存在冲突或者脱节；以及不能为了隐喻而隐喻，等等。

从科普的效果来说，受众更有可能会关注那些言简意赅、及时且与他们相关的信息。所以如有可能，科普人员就要找到一种对信息设置框架的方式，以把受众纳入进来，而隐喻在这方面是可以发挥一定作用的。

科普写作的"三三制"

2021 年 7 月 15 日，由中国科协科普部主办，中国科普作家协会承办，北京海讯科普科技有限公司协办的 2021 年度高级研修班在北京唯实国际文化交流中心举办，《航空知识》杂志社的王亚男老师做了科普写作"三三制"原则的专题报告，他用精彩的案例介绍了"三三制"，即：好选题等于成功的三分之一、好标题等于成功的三分之一以及好写法等于成功的最后三分之一。应该说，这个"套路"完美地概括了科普写作的模式。

同时中国科普研究所副研究员邹贞也在一篇文章中总结了"三三制"创作模式，即面向三类主体，组建复合型创作团队，梳理创作流程，形成三步走流水线模式。

因而在这一部分我们重点以王亚男老师的"三三制"为线索，讨论科普文章的创作模式。

从选题的角度来说，任何一个科技工作者都有自己专业领域的知识储备，因而也都能找到自己有发言权的选题，当然这样的选题要具备一定的社会关注度、具备一定的历史纵深感、具备横向比较的宽度。应该说，只有做不好的选题，不存在做不了的选题。不过要避免一些常见的问题，比如不能大而无当，要尽量对话题进行切分，从而找到主要矛盾和矛盾的主要方面。选题的方法也可以多种多样，比如"全景式选题法""主题纵向脉络和横向态势""显微式选题法""选取一个有趣问题进行解析、解惑式选题法""回答受众关切问题、颠覆式选题法""选用颠覆传统认知的内容、博闻式选题法""选用珍贵稀有的特定内容"等。

标题是一篇文章的题眼，也是展现作者水准的第一特征，因而文章的标题要尽量契合内容，还要抽取内涵。比如我写评论性文章的时候往往最后才会确定标题，当然这不是可取的做法，有些时候编辑因为对当前话题的敏感性而更容易给出符合要求的标题。比如，2023 年 3 月 30 日，我就 ChatGPT 因为引发业界关注的话题给光明网写了一篇评论，当时确定的标题是《在加油的时候别忘了备刹车》，编辑最终建议的标题是《ChatGPT "狂飙" 引担忧 AI 发展需 "备刹车"》；再比如，××××年 4 月 25 日，因为看到微博热搜话题♯安徽—算命网红 3 年非法盈利 200 多万♯，我写了一篇《打击伪科学，从关注不确定性做起》的评论，编辑建议的标题是《"算命网红" 何以笼络人心？》。应该说这两个标题的例子有效地结合了当时的社会热点，更契合文章的内容。因而在标题的拟定上可以借鉴一些网络文体、传统文化、生活话题以及社会热点等等，甚至在一定程度上也可以适度采取 "标题党" 的做法，但是不能为 "标题党" 而 "标题党"。

对于一篇科普文章来说，写法的优劣决定着文章的质量。科普文章的灵魂是它的科学性，而科学精神是科普写作的核心问题，我们一直在倡导科普要从 "知识补课" 向 "价值引领" 转变，那对于科普文章来说，我们不能局限于传播一些已有的科学知识，更应该向思维方式的传播与普及拓展。

对于具体的写法，其实也是有一些小技巧的，比如要善于从最为贴近受众的角度带入话题，这样就会让读者觉得 "与己相关"，进而走入作者设定的科学世界。科普写作不应该是灌输式的，居高临下的；而应该是陪伴式的，是与读者共同探索科学发展的某段历程，去重温某个科学人物的故事，去 "复现" 某次科学实验的过程，等等。

当然，不论是科普文章，还是其他形式的科普，"说人话" 都是十分重要的技巧，也就是要说普通公众能够理解的语言，当然在后续的章节中，我们还会有专门的部分对此进行论述。写文章其实就是说话，因而要避免啰唆冗长的做法。学术表达和科普表达是两种语言体系。前者是用公式、数据、图表、实验报告，通过学术解析的方式来说明问题；后者则是用通俗易懂的大众语言来阐述道理。前者是美声歌剧，后者是流行小调。

所以想让科普受众接受，就要使用科普语言体系。

好的文章一定是改出来的，文章的措辞需要反复打磨，很多人都建议完成一篇稿子之后，过一段时间再回过来头重温一下，并借此提高文章的质量，而且写完之后，一定要大声读出来，这样也可以发现一些有待于完善的地方。

总之，好的科普文章需要具备的特征至少包括：深入浅出的叙述方式，运用比喻、类比等手段，运用一点幽默技法，运用科学的方法论，同时也可以包括一些历史元素、优秀传统文化的元素以及科技元素。而如果有一些贴切的图片，那会更加锦上添花，毕竟一图胜千言。

用王亚男老师自己的话说，长篇大论好办，短小精悍不易；面面俱到好办，精准解析不易；自己明白好办，读者理解不易；堆砌文字好办，图文并茂不易。

科普不能单纯靠直觉

事不目见耳闻，而臆断其有无，可乎？

——苏轼《石钟山记》

经目之事，犹恐未真。

——《水浒传·第二十六回》

如果你随时能够接受修正你的直觉的话，你就能继续地向前进了。

——杨振宁

· · ·

　　科普需要有理论的指导，更需要把理论贯彻到实践之中，但在现实情况下，很多从事科普的人认为，做好科普可以依赖自己的直觉，当然直觉在某些时候很重要，但是如果单纯地依赖直觉，而忽视了对直觉背后所蕴含之深意的把握，那么距离"完美的"科普还有一定的距离。

　　不久前，我们组织了 40 位科普从业者出版了一本书，取名《愿景与门道：40 位科普人的心语》，其目的就是要让在科普实践中取得较好效果的人士总结梳理自己开展科普的方式方法，但是在邀约作者的过程中，我们发现了一个现象或者说问题，那就是有些人有着丰富的科普实践经历，但是当请他们总结自己之所以能够做好科普的经验时，有些人却存在着"茶壶里煮饺子——有口说不出"的状况，这其实也在一定程度上表明，我们需要慎重地对待直觉，或者说需要对直觉进行深入的思考。

满足之前先唤起

　　在传播学中有一个重要的理论，叫作"使用与满足"。在该理论出现之前，传统的观点认为，信息传播的主要任务是说服受众，而受众在此过程中一直处于被动接受的地位。但是"使用与满足"理论则着眼于受众个人的"需求"，也就是说，他们之所以会去接受和使用一些信息，其背后有特定的需求和动机，而在"使用"的过程中，受众的需求和动机得到了

"满足"。

实际上，在科普的过程中，我们也可以看到类似的情形存在。从后来广受诟病的"缺失模型"中我们可以看到这样一种假设，那就是受众在科学上是"无知的"，是等着用科学知识去填满的"空瓶子"，当然这里没有考虑受众本身的既有知识和立场等因素。而后来浮现出来的公众理解科学与参与科学等模式改变了"缺失模型"，更多地强调受众本身的参与性，或者说是互动性。这其中存在的逻辑是，公众之所以要去理解和参与科学，那从受众本身来说就一定会有某种"需求"的存在，正是这些"需求"促使他们去理解和参与科学，从而"满足"自身的某种需求。

在突发事件发生后，公众获取科技信息的欲望最为强烈，而且这时的科普效果也会最好，因为公众在此时的需求被激发了出来，所以他们会通过获取科技信息，并基于这些信息去做出相应决策，实现了某种程度的"满足"。这方面的例子应该说有很多，比如医学科普和公共卫生知识的科普，在抗击新冠肺炎疫情期间发挥了重要的作用，于此期间发布的科普内容获得了数百万，甚至上千万次的点击、观看和评论。再比如，我本人在微博上转发的一张正确佩戴口罩的图片在两天之内就获得了一千多万的阅读量。这都说明利用热点事件开展科普能取得较好的成果，当然这背后的逻辑离不开"使用与满足"理论。

不过，科普需要常态化，不能仅仅局限于热点事情和焦点事件上，所以常态化的科普也需要把某些已经取得共识的传播理论内化，从而付诸实践，以期取得较好的效果。比如在非热点事件期间撰写科普文章，作科普报告，拍摄科普视频等，那么如何让这些科普内容获得更多的关注，更好地实现预期目标和效果呢？也许我们不妨将上述"使用与满足"理论稍做转化，变成"唤起与满足"理论。也就是说我们先唤起受众，让他们对你所讲的内容感兴趣；然后你要满足他们的期望。更直白地说就是先激发兴趣，然后再通过传播内容施以教育。

实际上，我们不妨反思一下，为什么很多本来内容优质的科普并没有获得预期效果呢？答案可能就在于我们跳过了唤起的阶段，直截了当地进入了满足的过程中。正如《中餐厅》中那句广为流传的台词一样，"我不要你觉得，我要我觉得"，通俗地说就是，如果我们急于表达我想告诉你什么，而没有提前去沟通你想知道什么的时候，那这种传播的效果就一定不会太好。因为很多时候，我们想要表达的内容并不是受众想要了解的，这不仅会出现错位，甚至会导致"逆火效应"，而如果在提供科普内容之前，先通过一定的方式激发起受众的兴趣，然后再施以满足，其效果可能会更好一些。

从另外一个角度来说，在我们向受众去表达"诗和远方的田野"之前，不妨先从他们的身边之事，甚至是与科学无关的内容开始。这在某些科普从业者看来似乎是在浪费时间，但是有了这些铺垫，科学内容就会自然而然地实现了过渡，起到"四两拨千斤"的效果。而如果没有"唤起"的过程直接地进入到"满足"的阶段，那有可能就是受众还没有完全准备好，甚至会疑惑这些内容跟自己有什么关系，想必其效果一定会大打折扣。

好的科普一定需要考虑自己的目标对象，从受众出发，而为了做到这一点，我们需要先唤起再满足。

说之前先听

科普的目标之一就是把与科学相关的信息传播出去，而实现这个目标有赖于对目标受众的理解，只有了解了目标受众，方能有的放矢。实际上，我们知道受众并不是单一的，而是多元的，不是同质的，而是异质性的。那么问题就来了，我们该如何了解受众呢？

个人认为，答案就在于要学会倾听。

有一种说法是：学会倾听是你人生的必修课；学会倾听你才能去伪存真；学会倾听你能给人留下虚怀若谷的印象；学会倾听，有益的知识将盛满你的智慧储藏室。美国马里兰大学传播学院教授安德鲁·D. 沃尔文（Andrew D. Wolvin）与圣罗莎学院副教授卡罗琳·格温·科克利（carolyn Gwynn Coakley）曾出版过一本名为《倾听的艺术》的著作，两位作者认为，倾听可以让人们更具批判性的思考能力，更准确的理解力，更清晰的辨别力。

那么回归到科普本身，倾听应该是做好科普的一个前提。当然，这里说的倾听并不仅仅是用耳朵去听，而是要利用各种身体器官去感受，去体验。毕竟听见并不意味着听懂。如果只是听见，那实际上还不能与目标受众站在一个平台上，或者说没有做到共情，只有听懂才能更好地实现信息和价值的输出。

之所以认为倾听是科普的一个前提，原因在于通过倾听可以建立起传者与受者的信任关系，既让公众理解科学，也让科学家理解公众。但是现实情况下，我们往往更多地着眼于公众理解科学，而忽视了科学家对公众的理解，而这可能是缺乏倾听所导致的，这也是"缺失模型"的典型特征，即它主张受众在科学知识上是空白的，需要专家去填补，同时拥有更多的科学知识就一定会对科学有更积极的支持态度。但是现实情况以及有关的研究发现都驳斥了这种"线性"思维。

有效的倾听是建立起双方彼此认同的交流渠道和平台的途径与方式，其目的是让信息的传播更加顺畅，从而摆脱"我要告诉你什么"与"你想知道什么"的二元对立。现实情况下，我们会发现一些有趣的现象，传者声情并茂地叙述着，听者则心不在焉。究其根本就是二者都没有很好地倾听。不过相较而言，前者可能更需要倾听，而且这种倾听应该发生在传播这个行为开始之前。

之前举过一个欧阳自远院士的例子，大概意思是说他的同一个报告会有 20 多个版本，实际上这也是说之前先听所产生的效果，因为他知道不同的受众需要什么样的科普内容，因而能够为受众量身定制，"量体裁衣"。

对于科普人员来说，受众起初未必能够了解你欲传播之科学，但是你却一定会了解他们的日常生活，毕竟科普人员也是"人"。所以通过这种倾听，自然会拉近二者之间的距离。而实际上，起初的倾听未必一定是关乎科学的，它甚至可以是生活琐事，是家长里短，是茶米油盐酱醋茶。看似无意义的倾听，实则为后续的科普奠定了基础，既拉近了传者与受者之间的距离，又奠定了信任的基础。而信任往往在科普之中发挥着重要的作用，人们会从他们信任的人那里获取信息，而且他们会认为这样的信息是可信的。换句话说，起初受众可能并不太关心你知道什么，但是他们一定关心的是，你关心他们。

而这则可以通过倾听来实现。

德谟克利特说，只愿说而不愿听，是贪婪的一种形式。那么从科普的角度来说，从事科普的人员有必要培养自己的倾听技能，在表达之前先学会倾听，这样也能够与受众形成积极的反馈回路，更好地传播和输出科学的内容，因为倾听就是在与目标受众建立关联，找到结合点，实现共情和共鸣。

与己相关与引发围观

从 1974 年到 2001 年，世界著名的进化论科学家、古生物学家、科学史学家和科学散文作家斯蒂芬·杰·古尔德每月不间断地给《博物学》杂志撰写专栏。在近 30 年的时间里，从未间断，而后陆续结集成十卷本的文集，蔚为壮观。

如果有人读过古尔德的专栏文章的话，那么你有可能会发现，他在文章的开头会提到很多跟科学"八竿子打不着"的事物，比如棒球、米老鼠、建筑学、歌剧、绘画等等，因为古尔德的专栏文章主要论及的是进化论，那么读者可能会有些疑惑，他在文章开头讲的那些东西跟进化论有什么关系呢？

这真是一个好问题！

因为如果他一上来就讲进化论，"单刀直入"，可以说这样的方式很直接，但是也可能导致两种极端情况的出现，一种是本来就对进化论感兴趣的人对这种文章会非常"受用"；另外一种就是对进化论无感的人可能就被"屏蔽"了，在一定程度来说，很多人就被阻隔在科普之外了。同时这可能也背离了他写这些专栏文章的初衷。因为从广义上来说，科普不仅仅要面向原本就对科学感兴趣的人，更要力争让科普影响那些对科学有距离感或者说还未被科学之光所"照耀"的人。换句话说，如果科普只是强化了那些原本就对科学有理性认知的人的看法和观点，那这实际上会进一步撕裂科学与公众和社会之间的关系。

所以，从这个角度来说，古尔德之所以要这么做，是因为他深谙一个道理，那就是相关就是一切。

我们也经常听到有一种观点说，公众往往认为科学距离自己比较遥远，而实际上这背后的逻辑在于，我们的科普并未从公众的视角去考虑，或者说并未与他们建立起关联，所以给他们留下了一种疏远的感觉。

从事科普的人员只有与公众建立起关联，才有可能顺畅地将科学内容传播给目标群体，否则双方就仍然是在自说自话，科普也没有实现它最终的目标。对于公众来说，他们往往不太在乎科学是什么，而更加关注于科学为什么。这里的是什么涉及科学事实，而为什么则更加关乎态度和观点，也就是说从目标用户的角度来看，他们知道做科普的人关注和关心他们，只有这样，双方才有可能建立起信任关系，并进而建立起科学内容顺畅传播的渠道。

而如何才能让目标用户感受到做科普的人关心和关注他们，其中一个很好的方式就是把欲传播的内容与他们关联起来，让他们知道这件事情跟他们自己有关系。

总体而言就是，要想表达距离目标受众很远的东西，那不妨先从他们触手可及的事情开始。正所谓，生活不止眼前的苟且，还有诗和远方的田野，但是在畅想诗和远方的田野之前，我们可能还是要先说说"眼前的苟且"。

当然，这又涉及另外一个话题，那就是"出圈"。越来越多的人都在说科普要"出圈"，实际上这要考虑两个不同的方向，一是科普主动出击，去触达那些科学圈子之外的人；二是科学圈子之外的人有意或者无意地进入科普"圈"。当然这两种方式都要有一个前提条件，科普或者说科学这个"圈"必须是开放的，不能"内卷"，否则就是"画地为牢"，自己出不去，别人进不来。

之所以说科普要"出圈"，实际上也是因为只有"出圈"才能在更大的范围上影响更多的人，让科学发挥更大的效应，从而产生更好的效果，但是"出圈"就需要有一定的方式方法，毕竟"圈子不同别硬融"。不过与目标受众建立起关联可能是一个行之有效的办法。

如果可以在科学与目标用户之间找到某种程度的相关性，那科普就可以自然而然地"出圈"，并且在更大的圈子里激起"涟漪"。我们并不能单纯地认为，因为科学对所有人都有用，所以人们都应该来亲近科学，实际上人们只会去听他们想听的，而不一定要听他们应该听的。这二者之间是存在着一定的代沟的，而要弥合这个代沟，就必须要靠建立相关性，让你的科学与他们的生活关联起来，因为相关就是一切。

从引发围观这个方面来说，科普要巧用热点。因为热点是一个重要的时机，借助热点话题开展科普可以起到"四两拨千斤"的作用。因为在热点发生后，公众对于科学知识的渴望处于"饥渴"状态，利用热点话题开展的科普能够抓住公众急于获取科学知识的有利时机，更好地实现科普的效果，当然在特定情况下，公众获取知识的效果也是最好的。

但是，如果热点话题发生后，科普不能及时满足他们的需求，就可能会出现盲从的现象；一个恰当的例子可能就是日本福岛核事故之后出现的抢盐风波，这一方面反映了科普力度不够的问题，另外一方面也反映出社会科学理性的不足。

当然，我们说利用热点话题做科普还有另外一层意思，那就是如何看待热点话题这个问题。

在一些国外从业者看来，尤其是科学媒介中心（Science Media Center）的工作人员认为，任何新闻都可以是科学新闻，关键在于你能否找到与科学相关的点，或者说从科学相关的层面及视角去解释。各位如果在某些平台上看到过热点话题的科普，那么不妨想一下，这些科普内容是如何把科学与当前的社会热点话题结合起来的。因为直接与科学相关的热点话题也许可遇不可求，但是社会热点话题可谓层出不穷，如果不信的话，可以浏览一下微博热搜。

当然，可能在有些人看来，这有点蹭热点的意思，科普可以而且应该借助于热点话题，其理由在前文已经有所涉及，关键在于这种"蹭"必须"蹭"出关联，从热点话题中找到科学的切入口，不可强蹭。

因为对于公众来说，他们对一些内容的关注也是有时间窗口的，而过了特定的窗口，他们的注意力可能会发生转移，这也在一定程度上表明了科普的时机的重要性。

实际上，对于各个领域的科普工作者来说，热点话题有时候也是可以自行生产的，这其实涉及传播学上的议程设置的问题。比如，各个领域一定有很多的纪念日，知名人物的诞辰日期，某项重大科研项目取得突破性成果的日期等，比如每年春季的花粉过敏，每年 3 月 14 日的 π 日，这些（历史上的今天）都是我们可以充分利用的时间节点，这也是某种意义上的热点话题。当然这些话题还是需要与公众的日常生活关联起来，着眼于公众的特定需求以及所关心的特定问题，用与公众相关的场景讲好科学的故事，毕竟走心的不是文案，而是与己相关的场景。

打败你的不是天真，是直觉

科学传播的科学近年来成为一些研究人员甚至是实践者致力于追求的目标，尤其是自 2012 年美国科学院组织的第一届科学传播学亚瑟·M. 塞克勒研讨会之后，一系列以"科学传播的科学"为标题的论文和著作开始陆续出现。

应该说在科普的研究与实践中，学术界提出了很多不同的模式和模型，比如缺失模型，科学传播、公众理解科学、科学与社会、公民科学等，那么为什么还要提出科学传播的科学呢？

我们经常说科学传播，或者在国内更多提及的科普，它不是"小儿科"，而应该是"全科"，它不仅仅是一门艺术，更是一门科学。借此，我们应该力求找到这种科学背后的逻辑。因为如果科普是一门科学，那么它就必须要有理论基础，当然目前来说，它的理论基础来源于其他不同的学科，或者说它借用了其他学科的一些理论和模式，比如传播学、教育学、心理学，甚至还包括政治学，等等。因为科学传播传播的是科学，所借助的方式是传播，所以它具有很强的交叉性。同时，研究和讨论科学传播的科学，其目的不外乎致力于推动基于科学的科学传播。

在一篇题为《科学传播下一步路在何方？有前途的方向与挥之不去的干扰》的文章中，科学传播研究者马修·尼斯比特和迪特姆·舍费尔认为好的科学传播要以几件事为基础，二位作者特别提到，"数据应该打败直觉"以及"有效的科学传播不是猜谜游戏，而是一种科学"。这也就表明，如果要让科学传播变得有效或者说发挥出应有的效果，那么科普实践人员就不应该依赖于直觉来从事这一行为，而是要基于扎实的数据分析得出的结论为指引，否则科普真的有可能会变成"猜谜游戏"。

2017 年，一部名为《牛津科学传播学手册》的大体量研究著作出版，它集结了数十位研究科学传播的科学的学者，分别从不同方面探讨了科学传播的科学这个议题。纵览全书以及三位主编的访谈，我们可以发现，科学在当前的环境下不会也不能自说自话，所以科研人员要参与到科普之中。但是这种参与不能单凭"热情"，也不能"胡子眉毛一把抓"，也就是说，科普不能依赖于直觉，它要有理论支撑。所以提倡科学传播的科学就是为了推动基于科学的科学传播。

　　当然，我们不能忽视一个问题，那就是理论研究与实践之间的隔阂，所以推动基于科学的科学传播仍然需要把理论成果与实践衔接起来。

　　从这个意义上来说，科学传播的科学不仅仅需要研究人员开展更多的研究，生产出更多的以证据为基础的指导如何开展科学传播的可行性建议，以尽量杜绝或者降低"直觉"对科学传播的影响，而且这些研究所产生的成果也应该通过一定的方式传播给从事科学传播实践的人，这样才能发挥其最大的效用。因为未得到传播的研究实际上是未完成的研究，这句话不仅仅适用于自然科学研究领域，也应该适用于对科学传播所开展的研究，或者我们可以说，科学传播的研究成果也要从"不发表就出局"转向"不传播就出局"。因为只有这些成果得到更广泛的传播与应用，我们才可以理直气壮地说，科学传播的科学推动了基于科学的科学传播。

第 17 章

该出手时就出手

你不能把这个世界，让给你所鄙视的人。

——安·兰德

· · ●

2015 年的第十七届中国科协年会开幕式致辞上，全国政协副主席、中国科协主席韩启德坦言："科普是科协的职责之一，是我们的主业，但我们该出手时没有出手。"随后各相关媒体纷纷引用上述言论，论述科学家参与科普这个老生常谈的话题。

如果以"科普"和"出手"为横纵坐标，我们可以看到四个象限，分别是：该出手时出手，该出手时没出手，不该出手时出了手，不该出手也没有出手。

"该出手时就出手"是科学共同体尽了本分。当然我们需要创造条件让科研人员愿意且值得"出手"，敢于"出手"，付诸"出手"。

"雪莉法则"

在谈及科普的时候，经常会涉及科研人员作为科普的信源的问题，这其中有两个方面，一方面是科研人员要面向政策制定者阐述清楚科学相关的信息，目的是让相关的政策以科学证据为依据，或者说做出基于证据的决策；另一个方面就是科研人员充当媒体报道的信源，因为媒体是公众获取科技信息的重要渠道。这其中不仅涉及科研人员应该在政策制定中承担必要的角色，而且还包括科研人员要积极地通过媒体开展科普工作。

首先，从基于决策科学的视角看，美国科罗拉多大学的小罗杰·A.

皮尔克认为，科学家在与决策圈进行互动时可以发挥四种角色，也就是"纯科学家""科学仲裁者""议题倡导者""政策选择的公正调节者"。这四种角色的立场是不同的，当然所发挥的作用也存在差异，比如"纯科学家"可能只是简单地提供一些基本信息，"科学仲裁者"则为决策者可能提出的问题提供一些科学信息，以及为一些问题提供事实性的答案。"议题倡导者"则可能会为某个特定的结果进行争论，以期自己的看法可以影响相应的政策和决策，而"政策选择的公正调节者"除了提供相关的信息之外，他们还会向决策者讲清楚有哪些可资利用的选择。当然这是一种理想的模型，不过这些科研人员所发挥的角色确实体现了科研人员参与政策制定过程的常见方式。

其次就是科研人员作为媒体报道信源的问题。科学研究的本质是复杂的，其结果也在某种程度上存在着不确定性，"与其说科学是知识的积累，倒不如说是识别和处理不确定性的技能，正确识别和处理不确定性是良好科学的标志。"然而普通公众以及媒体从业者未必理解这种不确定性，由于他们对科学向来具有长期持续的兴趣，所以科研人员作为这些人获取信息的信源就变得至关重要。

随着科学对公众生活的影响扩散到了各个方面，人们也会通过各种渠道获取有关科学和技术相关的信息，甚至很多人会把新闻媒体当成有关健康话题和健康问题的首要信息来源。所以为了让公众得到及时、恰当和科学的信息，作为信息传播中转站的媒介就必须拥有可靠且可信的科学家群体。换句话说，科学记者需要有科学家作为信源。

我们可以认为这是一个问题的两个方面，科研人员充当科学决策的信源，以及科研人员充当媒体记者并进而为公众提供信息的信源。当然，在科研人员作为媒体信源方面，存在着大量的文献，尤其是从科学家与媒体关系的视角加以论述的文献，同时也提出了一些改善二者关系并进而促进科普或者说科学新闻良性发展的建议，虽然在科学与政策衔接的角度也有研究人员关注这个议题，但是似乎并未将其纳入到更广义的科普范畴之内。

贾森·加洛在《将科学转化成政策和立法：基于证据的决策制定》一文中就谈到，对证据的分析是实现良好的公共政策的必要步骤。而且科学家的建议或者说科学证据是决策制定的一个重要参考，不过这种参考会与其他因素被一并考虑。同时决策制定者必须要权衡一系列成本，比如社会的、经济的、环境的影响等。威尔·J. 格兰特也在《科学技术在公共政策中的角色：知识何为？》中分析了科学和政策之间的差距，并且提出了决策时所采用的信息必须有用，也就是说要与他们的问题相关，而且所出台的解决方案产生的效果需要显著、可信和合法。

至少在某种程度上来说，这也就需要科研人员积极主动地发表自己的看法和观点，从科学家转行做了电影导演的兰迪·奥尔森在《别做这样的科学家：走出科学传播的误区》一书中提到了"雪莉法则"，也就是说如果你不讲出自己的故事，就会有其他人替你讲，而你可能会不满他们的言论，这就给后续的修正或者辟谣工作带来一定的难度，甚至是左右了政策的进程而让自己的研究领域受到影响。这方面的一个例子就是理论物理学家、畅销书作家、弦理论的领军人物布赖恩·格林在科普方面的工作吸引了顶尖学生投身弦理论的研究，吸引了资助者提供经费，从其他不太有魅力、不太注重宣传以及不太具有可见性的子领域吸引到了人才和经费。

"一"的力量

提到"希望工程"，相信很多人的印象中一定会有一个"大眼睛女孩"，那是一张主题为"我要上学"的照片。为引发人们对农村失学儿童的关注，1991 年中国青少年发展基金会为希望工程选择了一个短发大眼睛女孩抬头用一双渴望的眼睛看着镜头的图片。这张图片引起了公众的广泛关注，同时也成为了希望工程的宣传标志，而照片中的主角苏明娟也成为了希望工程的形象大使。

应该说"大眼睛女孩"代表着当时很多的失学儿童，他们渴望上学，渴望新知，渴望用知识改变命运。

但是如果我们做一个假设，假设这张照片上不是一个大眼睛女孩而是一群大眼睛女孩，那么会出现什么情况？它是否依然会让人们对这些失学儿童的处境感同身受？

当然这只是一个假设，但是却揭示出一个重要的问题，那就是"一"的力量，因为我们知道"大眼睛女孩"只是众多失学儿童的一个代表，在她的背后还有很多很多充满渴望的"大眼睛"。但是只需要这一双"大眼睛"就可以传达出无数双眼睛里的渴望，这又涉及少即是多的问题。

在形容重大瘟疫给人类带来的创伤时，我看到过这样一句话，"死一个，那是生命。死的人多了，那便是数字。亘古以来，何曾有变？"，虽然这句话说得很冰冷，但是也同样凸显了"一"的力量。

我们再举一个例子。

普利策新闻奖得主、作家纪思道（Nicholas Kristof）和他的妻子伍洁芳（Sheryl WuDunn）在一篇《纪思道拯救世界的建议》的文章中总结了他们对非洲公共卫生问题的观察，他们眼见众多的公众教育项目来了又去，他们归纳出了哪些项目奏效哪些项目无效，实际上他们这篇文章所体现的智慧的结晶依然是"一"的力量。

简言之，如果你告诉人们说，在非洲一个小村庄里有一个奄奄一息的小孩，你可能会对这样的状况感到难过，但是如果这个故事变成了有两个小孩或者说更多的小孩，你还会有同样的感受吗？

实际情况可能恰恰相反，随着暴露在你面前的奄奄一息的小孩数量的增加，很有可能的是，你的同理心也会随着弱化，直至消失。

实际上，这就是"一"的力量所具有的巨大潜力，就像特蕾莎修女说的那样："假如我看到一群人，我不会有所行动。假如我看到一个人，我会。"

或者还用那句古老的格言来说，就是"一个人的死亡是悲剧，一百万人的死亡则是统计数据"。

其实在科普中也是一样，我们需要善用"一"的力量。

在科普的过程中，我们可以围绕着"一"的力量来建构核心叙事，而不是"搂草打兔子"，也许在建构叙事的过程中，我们要有所取舍，但是这也是为了更好地传播科学的力量，所以如果我们期望面面俱到，也许最终的结果就是面面俱"不"到。

当然可能会有人质疑，过度使用"一"的力量会带来某种偏见，恐有"只见树木，不见森林"之感，但是从科普本身来说，"一"的力量所发挥的作用也是不容置疑的，因为在这个故事中凝聚着科学精神、科学方法和科学理性，所以在科普中讲好一个故事，讲好一个善用"一"的力量的故事，其效果要好过讲一百个甚至一千个平淡无奇的故事。

正所谓，"一，它最小，但也最大，拥有最大的力量。"

己所不欲与勿施于人

《论语·颜渊》中写道，"己所不欲，勿施于人。"大概意思是说，自己做不到，便不能要求别人去做到。反之，只有自己先做到了，才能让别人做到。我们不妨借用这句话来论述一下做科普的方法。

作为科普人员，在向受众传播科学之前，首先需要自己对要传播的科学有深刻的理解和认识，这样才能融会贯通，用目标受众能够理解的语言传播出去，正所谓"弱水三千，只取一瓢"。如果科普人员本身就没有丰富的知识储备和广阔的视野，那可能难以向公众解释清楚某些事情，其结局就是你自己不明白，听你讲述的人也不明白，这非但达不到科普的效果，反而有悖于让科普通俗易懂的初衷。

卢瑟福说过一句话，大概意思是，如果你不能跟你实验室擦地板的女工解释清楚自己是做什么的，那就说明你自己还不知道自己是干什么的。无独有偶，爱因斯坦也表示过，如果你不能用简单的语言来解释它，那是因为你没有很好地理解它。这就说明，在传播交流之前，自己要先搞清楚，弄明白。

当然，科普人员也不是全能的，他们不可能所有东西都知晓，都理解，都明白，因为任何一个人离开自己的专业领域都和普通公众无异，甚至我们可以说任何人都应该成为科普的对象。实际上，这一方面要求科普人员要不断地学习，提升自己；另外一方面也意味着，科普人员有时候也要学会说不知道，正所谓，"知之为知之，不知为不知，是知也。"

对于普通公众来说，如果可以通过一篇文章或者一个视频充分地理解一个道理或者一个知识点，那么这样的科普就是好的。但是他们可能不能知晓的是，产生这些内容的背后是科普人员付出的大量努力，他们查阅资料，请教专家，目的就是在传播之前自己先把事情搞明白。这样的科普人员是值得尊敬的，他们的方法也是值得推崇的。

为了做到自己明白，很多科普人员也探索出了自己的方法，比如袁岚峰就在有关科普方法的访谈中说到过，自己涉及的领域包括数学、物理、化学、天文、生物、工程等等，但是他并不是每个领域都"门清"，所以在做这些方面的科普之前，他会查阅文献资料，同时也会请教各位专家，也就是"我的朋友"。朱定真老师在接受访谈时也表示过，只有"弱水三千"方能"取一瓢饮"。

网络上流传着社会学家周孝正说过的一句话，"一流学者是把本专业的知识让老百姓听明白，二流学者是本专业的人能听明白，别人一概听不懂，三流学者是自己搞明白了但表达不出来……"。这大抵上也可以套用到科普上来，让别人明白的前提是自己先明白，这也就是"欲胜人必先自胜"。

其实，这还涉及另外一个维度的问题。科学家或者说科研工作者被视为科普的"第一发球员"，但是在很多情况下，他们并不是自己没有搞明白，否则他们也不可能成为本领域的专家和学者了，只是他们不善于将自己所掌握的科学传播给目标受众，不能用通俗易懂的语言表达出来，这其实是"茶壶里煮饺子"，当然如何能让公众明白可能关涉更多的科普方法的问题，比如传播的技巧、语言的表达、术语的转换等。

做科普的"道路千万条"，理解和明白内容"第一条"。这正是"旧学商量加邃密，新知培养转深沉"。

第 18 章

科学需要讲故事

故事是人类最古老、最具力量的工具。

——杨绛

如果你想在人们心中留下印记，你必须讲一个故事。

——玛雅·安吉罗

故事是世上最重要的东西，如果没有故事，我们就根本成不了人类。

——菲利普·普尔曼

· ·

近年来，随着科普人员数量不断增加，以及对科普实践的不断拓展，科学需要讲故事的理念逐渐成为科普从业者的共识，同时也成为在实践中贯彻的一个理念。

如果说科学需要讲故事，那么科普就应该是讲述有关科学的故事。聚焦于科学传播学术研究成果的期刊也把如何讲好科学故事，或者说叙事在科学传播中的作用作为一个专题来研究。奥尔森在书中提到了讲好科学故事的一些模板，而且他认为，学术论文实际上也是在讲故事，只不过它讲故事的模板是学术共同体非常熟悉但外行却不甚了解的。因为它的语言，行文风格都有着固定的套路，而如何从科学论文所讲述的故事转向做好科普所需的故事是值得认真切磋琢磨的。

实际上，讲故事是非常有效的传播方法，而且这不仅仅局限于科学传播。因为人类就是一个善于讲故事的物种，如果让我们回想一下自己到目前为止所经历过的一些重要事件，那么极有可能的是，把这些事件串联起来的或者给我们留下深刻印象的东西往往都是一些故事，当然也有可能是"事故"，而事实性的东西可能不会太多。这也从一个侧面表明了故事的重要性。

无独有偶，安妮特·西蒙斯在《故事思维：影响他人、解决问题的关键技能》一书中更是认为我们正在开创一个"故事复兴"的时代。而且"讲故事是获取信任的捷径"，我们常说的一个观点是，科普首先需要建立信任，并在信任的基础上去传播我们意欲传播的内容，所以通过讲故事的方式能够更好地与目标对象产生共情，也就是"同频共振"，这样也更加有利于我们做好科普工作，毕竟在我们努力地去影响别人之前，只有赢得足够的信任才能成功传递我们的信息。

所以要成功开展科普工作，我们需要做的不光只是让科学事实对普通受众来说更容易获取，还要在情感上跟他们建立起友好关系。或者说讲故事不仅仅是"授人以鱼"，更是"授人以渔"。因为好的科学故事不仅仅是让人们获得了技能和知识，而且还能让他们懂得如何学习其他知识和技能。

科学需要讲故事这句话说起来很简单，但是做起来往往并不容易，因为讲故事就要涉及框架的采用，而这又可能牵扯到在素材选择上的取舍，进而让一些科研人员认为这损失了某种意义上的科学性。但是如果我们从另外一个方面来看待这个问题，也许会有不一样的结果。我们是要固守某些精雕细琢的科学性而让传播的内容晦涩难懂，传播的效果不甚理想，还是我们在保证必要的科学性的基础上让所传播的内容更"接地气"，更有一些"烟火气"和故事性？

如果我们以科普作品作为例子的话，那么实际上不难发现，好的科普作品往往也是讲好科学故事的精品，因为这些作品在很大程度上都是科研人员自己的心路历程，通过讲故事的方式带领读者再次去"复盘"他们的科研历程，而在这个过程中，不仅仅传递了科学知识，更让人们能够切身地体会到科学研究的本质，甚至是领悟到科学方法、科学精神等更加重要的内容。而这也是讲述科学故事所要实现的目标。

"纸上得来终觉浅，绝知此事要躬行。"所以，从现在开始，让我们共同践行科学需要讲故事的理念，讲好科学故事吧。

平铺直叙与起承转合

2013 年，兰迪·奥尔森等人在《关联：讲故事的好莱坞遇到批判性思维》一书中首次提出了讲故事的 ABT（然后，但是，因此）模板，随后又分别在 2015 年的《科学需要讲故事》和《别做这样的科学家：走出科学传播的误区》中重申了这一观念。也就是说要把平铺直叙的叙事结构做相应的转换，变成有起承转合的 ABT 结构，因为只有这样才能激发起目标受众的兴趣，调动起他们参与其中的积极性。这对于我们的科普工作有很大的启发，甚至可以说，科普的叙事也有必要转向 ABT 模板。

所谓平铺直叙的叙事就是一直用 AAA（然后，然后，然后）来衔接，以讲述一件事情，这是一种线性的思维，给受众的感受就是味同嚼蜡，没有什么起伏，这样的效果并不好。而如果我们稍作转换，将同样的内容套用 ABT 模板的话，那么我们就可以在一系列内容间建立起很强的逻辑关系，这就好像袁枚在《随园食单》中写到的上菜之法一样：盐者宜先，淡者宜后；浓者宜先，薄者宜后；无汤者宜先，有汤者宜后。且天下原有五味，不可以咸之一味概之。度客食饱，则脾困矣，须用辛辣以振动之；虑客酒多，则胃疲矣，须用酸甘以提醒之。

奥尔森还用科研论文的模式与 ABT 模板进行了比较。在他看来，科研论文实际上也有固定的模板，那就是 IMRAD。虽然学术界习惯了这种撰写研究论文的模式，但是如果转向公众传播的话，这种方法未必会奏效，也正因如此，他才提出了可以采用 ABT 模板来进行科学叙事，同时也有人提出了将科研成果转化为科普内容时要采用倒金字塔的方式，也就是将科研论文的结构进行倒置。

我们之所以说科普也可以采用这种模板，是因为它确实能够给我们带来不一样的视角，也可以有效地提升科普的效果。如果科普或者说科学的叙事在很大程度上过于注重事件等内容的简单叠加的话，这就会陷入平铺直叙的 AAA 模式，而如果我们细心观察的话，好的科普内容——不论是科普文章、科普图书，还是科普报告、科普视频，都有大量的起承转合，它暗含着故事本身的发展、冲突和结果的脉络，而这样的内容一定会得到受众的青睐。如果我们不是单纯地讲述科学，而是讲述科学背后的故事，或者讲述科学本身的故事，那么应该期待它带来让人满意的结果。

应该说，科学需要讲故事已经成为越来越多的科普从业者的共识，而且有很多科普人士也在有意或无意地采用这个模板。正所谓，"实践是检验真理的唯一标准"，这个模板到底有没有用还要看其在科普实践中是否起到了预期效果。

科学本身有着丰富的故事素材，如果能够巧妙地加以利用的话，也会引发公众的兴趣和好奇，无论是科学史上的重大事件，还是科研团队历经千辛万苦做出的重要科研成果，亦或者是科学家个体如切如磋、如琢如磨般思索探究某个科学议题，都可以拿来用故事化的方式叙述给受众。而如果我们只是平铺直叙地讲述出来，缺少了期间的跌宕起伏，那么公众自然难以体会到这其中的重要意义。

公众并不是科学家，他们有时候需要的是故事，讲故事又是人类固有的天性之一，所以我们需要善用讲故事的方式来传播科学，而 ABT 模板则应该成为讲故事的核心。正如奥尔森在《别做这样的科学家：走出科学传播的误区》一书中所言，"ABT 模板是被沃格勒描述为生活原则的英雄之旅的中心。英雄生活于和平的世界里并且（AND）感到心满意足，但是（BUT）出现了一个问题；因而（THEREFORE），英雄踏上了解决这个问题的旅程。"如果回看一下科学的发展历程，我们不难发现它就是这样一种英雄之旅，而科研人员就是在这个旅程上不断地解决各种疑难问题的英雄，而这也天然地契合了 ABT 模板。

甚至我们还可以用"叙事指数"（把文本复制粘贴到 word 文档中，分别搜索"但是"和"并且"以获得它们在文中出现的次数，然后将两者相除，再乘以 100 以转换为百分比）来评价科普内容，虽然这有些绝对，但至少也从另外一个层面上表明要讲好科学故事需要我们巧妙地运用 ABT 模板，也就是从平铺直叙转向具有起承转合的科学叙事。

KISS 原则

14 世纪英格兰的逻辑学家、圣方济各会修士奥卡姆的威廉（William of Occam，约 1285 年至 1349 年）提出了一个原则，"如无必要，勿增实体"，也就是"简单有效原理"，后来这个原则被称为"奥卡姆剃刀原理"。

在很多指导科研人员如何做好科普的参考资料中，我们都可以看到类似于这个原理的一些建议，比如 KISS 原则（keep it simple, stupid）。或者用爱因斯坦的话来说就是，任何事情都应该尽可能做到简单，简单到不能再简单（as simple as possible, but not simpler）。在一次有关科普经验的交流会上，袁岚峰也谈到过类似的情况，他借用自己的博士生导师罗德·霍夫曼（Roald Hoffmann）的话说，"好的理论，就是要尽可能简单。你把它一减再减，直到再减就什么都不剩下为止。剩下的每一条都是本质性的"。

当然，从本质上来说，这些原则也是知易行难，需要在科普实践的过程中不断地总结和提炼，否则仅仅是纸上谈兵，不得要领。

实际上，这就要求不能把简单的事情搞复杂了，而是要把复杂的事情弄简单，要简洁明了。这里不妨再次引用据说出自爱因斯坦的一句话来阐明这个道理，他说，"宇宙中最不可理解的事情，就是宇宙是可以被理解的"。这其实就是 KISS 原则的一种应用，因为我们只有拨开迷雾才能看到事物的本质，而这种本质是可以理解的，也是可以通过科普让普通公众理解的。

但是在应用 KISS 原则的时候，我们还需要注意一点，那就是不能过度"往下笨"（dumbing down），也就是不能为了获得更大的市场而过于降低科普的品位，或者使之浅显化。虽然这种做法获得了公众，但是却无益于传播科学知识，更有可能陷入"有普没科"的困境之中。与之相反的一个极端就是"有科没普"，虽然意欲传播的内容里面有着绝对的科学性，但是从通俗性上来说却难以让普通公众理解，那最终结果依然是传播没能达到预期目标。所以科普应该是"简约而不简单"。换句话说，在科普上，"存在着一个困难的临界值，在这个临界值之下心理机器无法启动，而在这个临界值之上心理机器则会被卡住"。对 KISS 原则的应用就需要找到这样一个临界值。

科普应该是用熟悉的事情去解释不熟悉的事情，这就要求我们在某种程度上善于利用公众日常生活中所见所感之物去解释科学上某些"高深晦涩"的现象，当然这涉及了另外一种开展科普的方式，那就是隐喻和类比的方法。我们要强调的是，科普不能故作高深，把传播者置于与受众对立的角色之上，堆砌一些学术界人士大体上都能够明白的学术术语和缩略语，虽然术语和缩略语对于学术交流来说必不可少，但是对于普通公众而言，这些可能是他们理解科学的一些障碍所在。所以在应用 KISS 原则的过程中，我们也需要注意对专业术语和缩略语的转化，若非用不可，也要尽量加以解释。

"一千个读者就有一千个哈姆雷特"，在 KISS 原则的应用方面可能也会见仁见智，所以从开展科普工作的角度来说，第一要义就是要明白自己的目标对象，搞清楚自己面对的受众是什么样的，了解他们的背景、知识储备等信息。"知己知彼，百战不殆"。同时也只有了解了这些信息，才能更好地对 KISS 原则活学活用，"因人制宜"。

说一千，道一万，科普要以科研成果为基础，但是科普绝不是简单地将科研成果或者论文进行转化，然后受众便可顺理成章地理解科学了。它需要采用一系列原则和方法，与受众建立起关联，用公众能够理解的语言和方式来传播科学的本质，这其中就包括 KISS 原则的灵活运用。

7C 原则

在经济学领域有一个 7C 原则（每个原则都是以英文字母 C 为开头的），它们分别是完整（complete）、正确（correctness）、清晰（clearness）、简洁（conciseness）、具体（concreteness）、礼貌（courtesy）和体谅（consideration）。而实际上在科普的过程中，为了达到传播的效果，也有必要遵循这些原则。

1. 完整

这意味着从事科普的人应该传递受众所需的所有事实，因为目标受众可能来自完全不同的领域，甚至是没有相应的科学背景知识。这就需要在传播的过程中纳入更多的一般性信息，而非像撰写学术论文那样把受众想象成与传播者具有类似知识储备的人。所以传播者有必要从受众的视角来思考和构思欲传播的信息。从另外一个角度来说，科普不太可能具有和撰写论文以及提案一样进行后期修改润色的机会，这就必然要求在传播的一开始就要考虑到完整性。

完整的传播可以提升一个组织、机构以及传播者个体的信誉，而且如果传播具有完整性，那么它在一定程度上是具有成本效益的，因为它不会遗漏关键信息。同时科普的完整性有助于更好地说服目标受众，我们不可否认的是，所有的传播实际上都涉及说服。

完整的要求是，要把传播的信息全面交代清楚，有头有尾，不能出现脱节。把一个问题交代清楚之后再进入第二个问题。

2. 正确

科普首先要保证所传播的信息是正确的，不能是没有科学依据的。传播者提供的所有信息都应该是来源于能够得到印证的，如果是文字素材，那么在撰写完成之后有必要进行事实核查。

为确保所传播的信息正确，传播者需要用到具体的事实和数字，还需确保所传递的信息不能被误解，因而这就有必要阐述信息所使用的情境。不正确或者说错误往往会导致双方的误解，进而导致科普的效果无法达成，甚至会让受众对科学和从事科普的人产生误解。

3. 清晰

在传播的过程中，需要明确传播的目标和信息。这就需要用简单且熟悉的语言来解释复杂的东西，或者说"科学需要用熟悉的东西来解释不熟悉的东西"。当然，可以通过简短且流畅的句子或者段落来确保清晰性。每一句或者每一段只描述一个观点或者事实。

清晰性意味着每次只聚焦或者强调一条信息或者一个目标，不能追求面面俱到，因为这样往往最终结果就是面面俱不到。这样才有可能让公众的理解变得更容易获取，而且清晰性能够确保受众理解所传播信息的意义。归根结底，清晰性要求使用恰当且精确的词语来阐释科学内容。

4. 简洁

"简约而不简单"也许是对简洁最好的阐释，简洁最起码的要求就是不"拖泥带水"。要避免使用某些无用的废话，比如，"众所周知"这样的词语。就像爱因斯坦说的那样，"凡事力求简单，直至不能再简"。简洁的用语有助于吸引受众，更有助于提升他们对信息的理解能力，应该说有效的传播就要求简洁性。

简洁性既凸显了关键信息，又有助于避免使用过多毫无意义的词语和表达。它可以用有限的字词来表达清楚意欲传播的信息。

5. 具体

具体的第一项要求就是要做到去术语化。虽然术语在学术交流中发挥着重要作用，但是对于普通公众而言，术语就像是一门他们从来没有听过的外语。所以需要用打比方、举例子等方式将术语所涉及的内容解释清楚。或者用受众日常生活中所接触到的现象等进行对比。

此外，具体还意味着不能模棱两可，这样有助于降低受众认知的不确定性，比如在风险传播中，既要讲到相对风险，还要谈及绝对风险，而数字或者图片的辅助有助于实现这个目标。此外，这还要求避免使用具有多种含义的词语，因为这会带来误解和曲解，甚至会让受众去猜测具体的含义。

6. 礼貌

这一要求意味着传播者应该站在受众的视角来看待问题，要彼此尊重。科学传播是一个双向互动的过程，它并不是"照本宣科"式的发言。同时礼貌还意味着需要了解受众的已知和未知，这样才能为他们"量身定做"所传播的内容，否则就会出现传者与受者"两层皮"的现象。

此外，礼貌也意味着传播者不能采用居高临下的态度，而是要与目标受众站在同一个平台上，否则就会给人一种被灌输科学的感受，这会让传播效果大打折扣，毕竟从受众的角度来说，他们更喜欢"我不要你觉得，我要我觉得"。

7. 体谅

这同样意味着要换位思考，要采用受众习惯的风格和方式。在一定意义上来说，体谅也是某种礼貌和尊重。比如体谅受众的立场、知识背景、精神状态、教育程度等等。因为只有了解了这些基础信息，科普才更有可能做到"有的放矢"，从而提高效果。

当然体谅也要求受众能够理解科学家，科学家是处于科学研究前沿的人员，他们确实掌握了大量信息，但是这并不意味着他们在所有领域都是十分擅长的。有效的科学传播需要传播者和受众共同努力才能实现，所以受众也要对科普人员和科学有理性的认识。

框架

框架分析是社会科学领域一个重要的研究手段，著名社会学家欧文·戈夫曼（E. Goffman）认为"框架"是一种"解释图式"。也就是说，社会事件原本混乱无序，人的认识、能力却是有限的，所以框架的存在使得人们能够寻找、感知、确认以及标签化社会事件与信息。当然这是在学术研究的视角下对框架的一种思考。近年来，也有一些从事科普研究的学者开始思考框架在科学传播这个领域中的使用，或者说如何通过使用不同的框架来提升科普的效果。

2007 年，马修·奈斯比特（Matthew Nisbet）和克里斯·穆尼（Chris Mooney）在《科学》上发表了一篇评论，他们认为，科学家必须学会积极地为信息设置框架，以便让这些信息对不同受众具有相关性。并且通过设置框架可以与信息的核心价值产生共鸣，通过对某些方面加以强调可以精简某些复杂的议题，同时也可以让公民迅速地认识到为何某个议题很重要，谁应该对此负责，以及应该采取什么行动。

当然，这也是从研究的角度来看待框架这个问题的，接下来我们着眼于框架在科学传播活动中的应用，虽然我们可能对框架并不了解，但是实际上我们的所有科学传播活动都离不开特定的框架，它无时无刻不在发挥作用，而如果我们对此有更理性的认识，这可以帮助我们更好地开展科学传播活动。

我们首先需要承认，框架是随处可见的，是不可避免的。就像《科学》上的那篇评论中所列举的例子一样，气候变化、转基因、演化等都会被不同的人放到不同的框架中去陈述，当然目的是不一样的。比如气候变化可以被看成是严重的环境危机，或者是一种公共健康危机，对农民和种植者的一种挑战，一种日益增加的火灾风险，或者甚至可以用更积极的方式把它看成是创新和经济发展的一个机遇。

我们可以把框架看作是讲故事的方式或者角度。美国科学院、工程院和医学院的报告《有效的科学传播：研究议程》认为，"框架是以特定的方式安排信息以影响人们想什么、相信什么或者做什么"。尤其是在具有争议性的话题中，存在着可以用不同方式进行阐释的"影响"。

当然，在使用框架时，我们也需要有伦理上的考量。因为有人可能倾向于认为设置框架就等同于撒谎——隐藏那些可能与受众没有共鸣的信息，或者有偏颇地陈述某些传播者意欲表达的信息。因为强调框架被用来强调一个复杂议题的一个维度而非另外一个维度。当谈及为争议性议题设置框架时，不同的利益群体都会试图以最有利于他们的方式来对信息设置框架。比如，科学家和研究人员会讨论纳米技术的经济和社会收益，而非政府环保组织可能会试图从未知风险方面为这种技术设置框架。不同的框架也会让人们对信息有不同的理解。所以在开展科普活动时，传播者有必要考虑的问题是，传播要追求精确性还是传播的效能，或者说为了使传播有效，它必须符合特定的伦理，还是只有符合特定的伦理，传播才会真正有效。

对于科普从业者来说，有关框架的研究能够带来一些实践上的启示。首先，我们需要认识到框架的重要性和泛在性，并且在传播过程中刻意地设置特定的框架，从而实现传播的效果和目标；其次，针对不同的目标受众需要有不同的框架，也就是说要为受众"量体裁衣"，不能期待一劳永逸或者说放之四海而皆准的通用做法，因为多元的受众会有多元的需求，即便是对同一个话题，不同的人看法也会千差万别；再次，传播者在利用社交媒体进行传播时也要了解和适应社交媒体所具有的框架，或者更传统的称呼是议程设置。实际上我们无法拒绝或者摆脱框架的影响，也时时刻刻离不开框架，那么对于从事科学传播的人来说，最好的出路就是融入框架之中，并且积极地利用框架来开展科学传播活动。

半衰期

很多有关如何做好科普的参考材料中经常提到的一点是，要凝练核心信息，甚至有些指南中明确提出，在一次科普报告、一篇科普文章或者一个科普短视频中，所传播的观点或者信息最多要控制在 3～5 条以内，这也是另外一种"三的法则"。其实原因很简单，读者或者听众不太可能在短时间内掌握太多的信息，这也就是"少就是多"所要表达的意思，毕竟有些时候追求面面俱到，往往达到的效果就是"面面俱不到"。与其让受众囫囵吞枣一般获取到很多信息，倒不如让他们明确地了解有限的几个方面。

但是现实情况往往是，很多科普人士倾向于通过一次科普把自己掌握的所有内容全部"和盘托出"，就如洪水一般"倾泻"而出，这即便有可能也不现实。因为受众并非特定领域的专家，或者说他们并不是科学家，虽然我们也在一直倡导像科学家一样思考，但是不是倡导让所有人都成为科学家？外行受众并没有像科学家一样数十余年如一日地聚焦于科学研究，所以就不可能在短短的一次科普之中了解某一领域的所有内容，我们甚至可以说没有"十年苦修"，是不可能有"一夕顿悟"的。

而对如此行事的科普人士而言，同样面临着一些窘境，那就是不知道自己到底想传播什么，他们只是想把自己知道的一切都告诉公众，于是就落入了我想告诉你什么，而非你想知道什么的窠臼之中。最终的结果就是你所说的受众一点没听懂，他们想知道的你一点没说透。这就是"猪八戒照镜子——里外不是人"！

那么问题就来了，如何才能提炼或者说凝练自己想表达的信息呢？澳大利亚的著名科学传播者、有着 30 余年科学传播经验的克雷格·科密克（Craig Cormick）在他于 2019 年出版的《科学传播的科学》一书中提到了一个"信息的半衰期"，这是一种由美国的研究者和实践者开发的工具，它有助于人们找到自己想要表达的精确信息。

实际上，其做法非常简单。

首先用 60 秒的时间说出你想传播的信息——不要提前做准备，只要不假思索地即兴发言。

然后再说一遍这些信息，但是这回你只有 30 秒的时间，这会迫使你聚焦于这些信息的关键要素。

随后，再用 15 秒的时间重复一遍。

到最后，你只有 8 秒时间，这也是最后一次陈述你的信息。

随着所用时间越来越短，你就会发现完成上述步骤之后，真正关键的信息会随之浮出水面。

这样做的好处是可以用精炼的语言找到意欲表达的信息，同时也能提炼出关键要素，而这些关键点应该是在科普过程中重点去交流和传播的。

另外一种提炼核心观点的方法还包括电梯演讲，各位不妨自行搜索学习一下。

《演讲的力量》一书中曾提出过这样一种观点："如果是一个 10 分钟的演讲，那我需要两周的时间准备；如果是半个小时的演讲，我需要一周的时间准备；如果我能讲多长时间就讲多长时间，那我就不需要做任何准备，马上就可以开始。"这都说明了要找到核心信息并不容易。

要实现科普的目标就必须关注受众的反馈，这种反馈并不在于科普人员说了什么，说了多少，而在于受众通过参与获得了多少。如果我们留意过一些优秀的科普内容，我们应该能够在这些内容中找到非常精确的信息，甚至有些时候这些信息会不止一次地出现，这实际上就是"重要的事说三遍"，之所以要重复，其原因也在于这是关键信息。

专业人士往往是对某一特定领域有着广博知识和深切理解的人，但是需要认识到的一点是，他们很难决定哪些信息应该成为科普中的"优先项"，如果再加上不理解受众这个维度的话，那么最保险的科普方式就是提到很多个方面，但是每一方面都"点到为止"，甚至于还有可能认为每一个方面都是十分重要的，这实际上是他们陷入到了"知识的诅咒"之中。而"信息的半衰期"则有助于他们找到自己意欲传达的关键信息。

　　因为从科普的效果来说，在一次科普中讲述很多个但是又都没办法深入的要点倒不如只讲两三个能够让受众理解的要点。所以当你找不到自己要表达的关键信息时，不妨尝试一卜"信息的半衰期"这种办法。

第 19 章

科普方法补遗

画蛇添足。

——《战国策·齐策二》

衣缺不补，则日以甚，防漏不塞，则日益滋。

——《盐铁论·卷十》

· · ●

就像"一千个读者就有一千个哈姆雷特"一样，做好科普的方式方法也可以多种多样，而且每个成功的科普从业者都有自己的一套模式，就像我们在《愿景与门道：40 位科普人的心语》一书中所做过的那样，40 位科普从业者分别阐释了自己做科普的方式和方法，但是总体上还是有一些具有共识性的理念或者说"套路"，虽然这些所谓的"套路"需要与具体的实践相结合，但是其中的某些也在实践中体现出了其所具有的价值。

当然，作为一本致力于如何讲好科学故事的指南性图书，我们也不可能穷尽所有有效的科普方式，前面几章也大概列出了一些我们认为比较有效的方式方法，在此处，我们用了一个具有代表性的标题作为该章的"题眼"，所以我们简要地对无法统一归入前面几章的科普方式和方法做一个"补遗"。

动机性推理

调查显示，公众整体上对科学和技术持积极的态度，但是涉及具体议题，尤其是具有争议性的议题时，公众的态度就会出现极化。那么个体是如何形成对某项科学技术的看法的？科学事实在其中又发挥了什么作用？或者说个体在看法形成和决策制定的过程中，是否会单纯地依赖于科学事实？

　　一项新的科学技术能否在市场上取得成功，这在很大程度上取决于公众的接受程度（这有点类似于罗杰斯的创新扩散理论）。传统上的观点认为，公众对科学了解得越多，他们对科学和技术的支持程度就会越高，因而赢得公众支持的方法和途径就是为他们提供尽可能多的科学知识，也就是说，让公众具有更多的科学素养。然而，其他研究则表明，个体在对新兴科学技术几乎不了解，或者说不具备相应知识的情况下，也可能会形成自己的看法，同时他们对新兴科学技术的态度取决于有关科学的事实性信息之外的一系列其他因素，比如价值观、对科学的信任、框架、既有知识等等。

　　为了搞清楚公众在对新兴科学技术形成态度和观点时，都有哪些因素发挥了作用，框架研究的大师德拉克曼（James N. Druckman）和博尔森（Toby Bolsen）以碳纳米管和转基因食品为例，探讨了框架、动机性推理与有关新兴技术的观点之间的关系，并将研究结果于 2011 年发表在了《传播学期刊》（*Journal of Communication*）上。该研究生动地展示了动机性推理和确认偏见如何影响人们对新兴科技的态度（有关框架的问题，前文已有详细介绍），这对于我们如何做好科普工作具有一定的启发和指导意义。

　　科普从业者和科研人员希望公众可以根据他们获取到的全部信息和知识来理解或评估某项科学技术，但是实际情况往往并非如此，当面对新的不熟悉的科学技术时，人们会利用一系列心理捷径来减少心智方面的努力，以对科学证据进行评估。因为研究显示，人类在心智努力上是一种天生懒惰的物种，这在 2002 年诺贝尔经济学奖得主丹尼尔·卡尼曼（Daniel Kahneman）的畅销书《思考，快与慢》中有类似的论述。比如人类会在不同场合调用两种不同的系统（"系统 1"和"系统 2"）来做判断。而动机性推理则是"系统 1"的一个属性或者说特征，在美国科学院、工程院和医学院出版的《有效的科学传播：研究议程》中，将动机性推理界定为"对深植于大脑信息处理机制的基本结构中的那些能即刻获得的信念和感觉予以支持的一种判断的系统性偏见"。也就是说，大多数公众在接受与他们的立场相矛盾的事实、证据和论点时，他们会产生一种天然的抵触情绪。

德拉克曼和博尔森的研究表明，在制定决策的各个阶段，事实性信息对观点的形成虽然具有影响，但是这种影响非常具有局限性，也就是说，在形成对科学技术的态度方面，仅仅提供事实性知识是不够的。同时一旦人们形成了某些看法和观念，那么扭转这种先入为主的看法就非常困难，因为人们会用有偏见的方式来处理新出现的事实性信息。如果新出现的信息与他们的既有理念相一致，那么他们会比较容易地接受。但是如果这些信息与他们的价值观、立场等相冲突，那么他们有可能会去努力地同化这些信息，如果同化失败，则可能会对其摒弃，或者置之不理。

随着对科普工作本身研究的深入，以及对心理学和传播学等领域的理论的借用，越来越多的科普研究人员意识到了这些新的洞见对科普实践的启发，同时也试图从理论上构建出更加有效的模式，从而更好地指导科普工作。比如近年来日益获得关注的"科学传播的科学"（美国科学院曾举办了几次有关这个主题的研讨会）从不同领域对科学传播进行了研究和考察，也引入了其他学科和领域的一些理论框架，致力于把科普作为一种科学来考察，以及用科学的方法来推动科普的研究与实践。

画面感

相信绝大多数人都会认同这样一种观点，画面感有助于强化人们对某些事物，几乎是所有事物的印象和认知。

举个例子，在我们外出旅游的时候，有些导游会指着不远处的某个小山丘说，"这个山名叫鸡冠山"。实际上，起初我们并不会注意到这个山丘有什么特别之处，但是当导游如此一说之后，我们再仔细去看，便越发觉得它真的很像"鸡冠"了。这其实也是说明画面感的营造对于传达信息有着重要的作用，至少作为游人来说记住了这个经典。画面感不仅仅是烘托气氛，有时候还能直达事物的本质。

那么在科普中我们是否也可以利用画面感来强化受众的印象，并且向他们传递我们意欲传播的信息或者科学理念呢？

我想答案应该是肯定的，我们不妨再举两个例子来说明科普需要画面感。

2021 年 5 月 15 日，我国首次火星探测任务天问一号探测器在火星乌托邦平原南部预选着陆区着陆，迈出了我国星际探测征程的重要一步。在一篇讲解天问一号着陆的科普文章中，全国空间探测技术首席科学传播专家庞之浩这样形容，"着陆火星的难度被形容为相当于从巴黎打一个高尔夫球，正好落到东京的某个洞里"。

无独有偶，2014 年 11 月 13 日，"菲莱"搭乘母船"罗塞塔"登录楚留莫夫－格拉希门克彗星（67P），欧空局罗赛塔计划负责人马特泰勒（Matt Taylor）在描述这一场景的时候说，"这就好像是骑在一匹蒙眼的战马身上用一颗子弹去击中另外一颗子弹。"（"Like shooting a bullet at a bullet while riding a horse blindfolded"）

再比如，在描述大型强子对撞机所取得的成果时，一篇文章如此写道："2010 年 3 月 30 日，LHC 的工程师完成了壮举，发射了两束相对的质子并让它们迎头相撞，这差不多相当于从大西洋的两岸分别向对岸发射两根针，并使它们在半路相撞。"

我们可以看到，上述叙述方式都让人们即刻对太空着陆有了栩栩如生的画面感。但是如果不用这种方式去传递我们的信息，而只是泛泛地讲述其原理，或者陈述其登陆过程，那么可能造成的结果就是，意欲传递信息之人洋洋洒洒说了很多，然而普通公众还是不知所云。

通过画面感的营造，一方面可将复杂的科学原理通俗易懂地阐释出来，以便公众可以不那么"烧脑"地加以理解，并且在自己的头脑中形成了一定的印象和认知；另外一方面，这种画面感实际上也可以跟公众日常生活的所见、所闻和所感关联起来，这其实在某种程度上拉近了科学与公众之间的距离。因为对于某些公众来说，科学往往是抽象的、枯燥的、遥不可及的，以及与自己的日常生活相去甚远，于是他们也就不会专门去关注一般意义上的科学。而通过给科学赋予某种画面感，可以让他们感受到科学其实很"人性"，科学就在我们身边。正所谓，欲让公众理解和欣赏科学，必先将科学送到他们身边。

如果我们认同画面感可以助"科普"一臂之力，那么接下来的问题就在于该如何营造画面感，或者说如何让受众感受到某种画面感呢？毕竟，只有他们产生了或者说接收到了为达到科普效果而营造的画面感，那么才有可能动员起所有的身体器官，包括眼、耳、鼻、舌、身、意，真正参与到科学之中。

我们说要把科学送到公众身边，只不过这里说的"送"不是"硬塞"，而是要与他们的日常关联起来，这其实是为画面感的营造找到共同基础，毕竟科学在很多公众看来还是比较抽象的，因而我们需要通过一定的渠道使之具象化。

同时，营造画面感还需要构建特定的情境，这样才不会显得突兀，这也有利于目标受众沿着既定的路线和思路去体验和接受科学，实际上这里涉及另外一个方面的问题，那就是科普需要脱离"传播者想告诉公众什么"的怪圈，转入"受众想知道什么"的框架中。因为科普不是信息的宣泄，而是某种程度上的引导，甚至是陪伴式的。

最后，画面感实际上是传播者和受众共同努力的结果。只有传播者有了画面感，那么受众才有可能融入这种画面感之中，否则所谓的画面感就是海市蜃楼。就像意大利数学家拉格朗日曾说过的那样，一个数学家，只有当他能够走出去，对他在街上碰到的第一个人清楚地解释自己的工作时，他才完全理解了自己的工作。画面感也是一样的，如果你自己都不具有画面感，又怎么能期待受众的大脑里会自动产生画面感呢。

曾经有人这样写道，"文字如果不被善加利用，它的抽象性就注定使之沦为写作活动的附属品、专用来呐喊宣传的边缘角色。用你的写作在用户心里画一幅画，而不是丢下一堆晦涩难懂、莫名其妙的'鬼画符'"，我想科普大抵上也是如此吧。当然不仅是科普写作，甚至于科普视频，科普讲座等都应该营造一种画面感。

三的法则

由詹姆斯·马歇尔在 1988 年创作的《金发姑娘和三只小熊》荣获了 1989 年的美国凯迪克大奖。这个童话的大概内容是：

金发姑娘在森林中迷路了，并且在未经允许的情况下进入了三只小熊的房子，她尝了三只碗里的粥，试了三把椅子，又在三张床上躺了躺，最后确定小碗里的粥最可口，小椅子坐着最舒服，小床上躺着最惬意，因为那是最适合她的，不大不小刚刚好。

人们根据这个童话故事提出了一个原则——"金发姑娘原则"，并进而根据这个原则引申出了凡事都必须有度，而不能超越极限的理念，用我们耳熟能详的一个成语来说就是"过犹不及"。

不知道各位注意到没有，在这个童话里反复出现一个数字，那就是"三"。应该说，"三"是一个神奇的数字，比如我们日常接触的大量成语中就有"三"的影子，包括三人成虎、三顾茅庐、韦编三绝、孟母三迁、约法三章、绕梁三日、三缄其口、三思而行、事不过三，等等。同时在西方文化中，"三"也是一个常见的数字，比如，西方古代神话中的神往往是三位：命运三女神、复仇三女神、美惠三女神。古罗马神话中统治世界的主神朱庇特手持三叉闪电，海神涅普顿使用三叉戟，冥神普鲁托牵三条狗。希腊神话中主神三兄弟用三种力量分别控制天空、海洋和冥界。圣经中也有不少关于"三"的例子，比如东方三博士、诺亚有三个儿子、撒旦向基督进行三次诱惑、彼得三次不认耶稣、耶稣死后三天复活等。

我们之所以说"三"是一个神奇的数字，是因为有研究发现以三条的形式所传递的信息最容易被记住，也最具有说服力，所以"三的法则"便潜移默化地成为了我们日常所用的一个"套路"。莎士比亚曾经写道"一切好事，以三为标"。我们可以看到一些经典的作品也善于利用"三的法则"，比如：但丁把他的《神曲》分成了地狱、炼狱和天堂三部分，每个部分再次分成了 33 个篇章。德国哲学家约翰·戈特利布·费希特采用"三"的做法，杜撰了三位一体的正题—反题—合题：正题是起初的想法，反题反驳了正题，而合题则合并了二者，它通常是对起初断言的重述。乔布斯在 2007 年介绍苹果手机的时候，他说这是一个苹果播放器，一部手机，一台互联网连接器，他重复了这种介绍三次。实际上苹果一直在他们的产品发布中使用三的形式，有时候会用到嵌套式的三。我们说戏剧有三幕式结构：开始、高潮、结局。甚至我们可以认为学术论文也是一个三幕式的结构——引言、方法和结果，以及讨论。

那么我们说科普是否也可以利用这种"三的法则"呢？实际上很有必要。很多从事科普与科学传播相关工作的专家和学者，都在不同的著作或者场合谈到了对"三的法则"的使用。比如，兰迪·奥尔森的《科学需要讲故事》、马丁·W. 安格尔的《科学新闻导论》、南希·巴伦的《逃离象牙塔》等都在不同的地方提到了科普、科学新闻或者科学写作中需要采用的与"三"有关的原则，虽然有些内容并不是刻意地提到了"三的法则"，但是他们却在有意无意地贯彻着这种做法。

实际上，好的科普应该有三个标准：知道你的受众，讲一个好故事，明确你要实现的目标。

同时，就更广义的人际沟通与交流来说，"三的法则"更为普遍和常见，因为人们通过研究发现：人们或许只会从你的内容中记住三样东西；你的内容最好分为三个部分；并且在传播中尽可能地将观点列为三点进行表达。对于科普从业者来说，这也就意味着我们需要从其他领域中学习借鉴一些有益的参考、方式和方法，以便于更有效地开展科普工作，实现预期的目标。

我们之所以强调"三的法则"，是因为"少即是多"，如果我们追求"面面俱到"往往出现的结果是"面面俱不到"。与其如此，倒不如我们把注意力集中在某些关键的要素和信息上，这样反而会取得更好的效果，所以我们不妨从"三的法则"开始。

武警总医院急救医学中心主任王立祥教授应该是在利用"三的法则"方面最为"炉火纯青"的一位科普专家，他的多篇科普文章和科普评论均充分利用了这个法则。比如，防控流行病要行好这"三礼"、疫袭"三心"重在"三防"、平时"闲"适时"显"急时"现"——老急诊聊应对职业倦怠、读科普指南、明健康3·2·1等等。应该说他的每一篇科普文章都是围绕着"三"建构起来的，也可以作为那些有志于在科普中使用"三的法则"的人的一种参考借鉴。

（说人）话与（去术语）化

通常来说，我们说某个人不说"人话"带有某种侮辱的意思，但是在科普这个问题上，"说人话"可能是科普人员需要掌握的一种技能。当然这里的"说人话"意指说普通公众能理解的话，或者说就是要用大家耳熟能详的词语来解释一些复杂的科学道理。毕竟科研人员经过"十年苦修"而习得的对科学本质的理解不太可能期望普通人能够"一夕顿悟"。那么这就需要我们采用"就低不就高"的原则，从受众的视角去思考和看待问题；不过也有人并不认同这一点，因而他们的科普只满足了某些特定的受众，也就是具有很多"前置知识"的受众，但是我们不能忽视的是，也许某些消费科学内容的人本身就是对科学感兴趣的人呢。而如果我们想获得更多的受众，或者说让更多的人理解科学，那么"说人话"依然是必须的。

在谈到科学家与媒体关系的很多文献中，我们都可以看到记者会抱怨说科研人员不"说人话"，不会讲故事。实际上，他们这里谈到的是受访人员无法将专业术语进行转化，这会使得访谈人员和受众"如坠云雾"，继而不得要领，同时也丧失掉了一次开展科普的机会。

既然科普是通过一定的方式将科学共同体产生的科学成果传播给非专业公众，那就必然要求传播者采用非专业公众能够理解的语言。因为普通公众并不具备特定的科学专业知识和背景，某些学术交流中所采用的专业词汇、术语和缩略语只适用于特定的情境，而如果我们抛开科研人员这一专业身份的话，他们在日常生活中也会使用普通公众所用的语言，更进一步，让普通公众掌握科学专业人员所用的语言存在一定的难度，但是科学专业人员采用普通公众日常交流所用的语言则相对容易，而这应该成为双方顺畅交流的语言基础和社会基础。特纳（Turney）认为术语是"让人清晰易懂的科学写作的最大敌人""你永远不知道非专家可能知道什么，但是你最好假设他们对于要讨论的问题几乎没有任何正式的知识，对这个领域的术语也毫无兴致"。布洛克（Bullock）等人认为，在科学传播的过程中，术语不仅损害人们理解信息的能力，而且还会影响人们处理信息的难度。同时对于普通公众来说，含有术语的科学信息相较于日常用语在理解上要困难很多，而这也会抑制他们对风险的认知。甚至在赫胥黎撰写《生命的科学》一书时，H. G. 威尔士就曾建议："你的读者与你一样聪明，他们只是不具备你所拥有的知识，因此不要用那些他们不熟知的'专业术语'（例如，告诉他们心脏、肺、脊柱的位置）来激怒他们。"

术语在学术同行的交流中发挥着必不可少的作用，但是在面向公众或者说非专业人士进行传播时，为了加强科学传播过程中的有效性，就必然需要"去术语化"或者说尽量减少术语的使用，唯有如此，方能打破"知识的诅咒"。

这不由得让我们想起了一个专有名词——Robust，中文翻译为"鲁棒性"，根据《牛津词典》中的解释，在科学中使用"Robust"时所采用的含义是一个系统或组织有抵御或克服不利条件的能力。但是在翻译成中文时，我们一时难以搞清楚它到底是什么意思，我们甚至有理由相信，即使是专业领域的研究人员可能在初次接触时也完全不知道它说的是什么。

那么话说回来，如果我们在向公众进行科普的过程中用到了"鲁棒性"这个词，但是又没有解释它的意思，我们又怎么能期望受众能够理解这其中的含义呢？

这只是众多例子中的一个，其他的还有"视界""坍缩""量子纠缠""熵"等等。当然，在科普的过程中需要把握一个核心原则，那就是科学性，否则就会走向"有普没科"的极端。但是我们依然需要考虑的是，科学家或者科普人员所强调的科学性与公众视野下的科学性是不是一个意思，二者的内涵和外延有多少重合度，又存在多大的差异。

同时进行术语转化的一个前提条件是，科研人员要对这个术语有着透彻的理解，也就是说欲让别人明白，需要自己先明白。

斯蒂芬·杰·古尔德在《干草堆中的恐龙》中说，"我将科普文写作分为两个类别：第一种为伽利略模式，主要是关于自然谜题的知识性文章；第二种则为圣方济各模式，主要是关于描写自然之美的抒情散文。"同时，他又在《奇妙的生命》中认为："我在每一次撰写所谓'普及读物'时，都极力维护一条个人原则。（"普及"一词的字面义令人向往，但现已被贬损，带有简化或添油加醋的意味，好像这样的读物应该如同轻音乐，读起来无须费神。）我相信——就像伽利略完成他那两部巨著，是以意大利语对话的形式，而不是用拉丁文写就的说教纲要；就像托马斯·亨利·赫胥黎写出他那高超的文章，不用一条术语；就像达尔文出版他所有的书籍，都是面向大众读者——我们仍然可以有这样一类科学读物，既适合专业人士阅读，也能让感兴趣的非专业人士读懂。尽管科学的概念数量丰富，意义多样，但不必有所妥协，不必经过扭曲的简化，也能以具有不同文化水平的读者可以理解的语言表达出来。当然，较之学术出版物，面向一般读者的读物在遣词造句方面必然有所不同，但只限于将令行外人士感到困惑的术语和措辞去掉，而概念的深度绝对不可有所不同。"

从上述这两段古尔德关于科普的论述中，我们也可以看到，他也在倡导"去术语化"或者对术语进行转化，其目的无外乎让公众更好地理解科学。

所以，好的科普要尽量"去术语化"，要尽量"说人话"。

关注科普的"四值"

科普的高质量发展离不开科普人员创作的优秀科普作品，而一个优秀的科普作品应该满足"四值"的特征，即"颜值""言值""研值""情绪价值"。

欣赏一个人，"始于颜值，敬于才华，合于性格，久于善良，忠于人品"，而浏览一个科普作品，也可以"始于颜值，敬于言值，合于研值，提供情绪价值"。

在某种程度上来说，颜值即正义是美即好效应这种刻板印象的体现，是公众判定是否会去深入了解一个科普作品的初步印象，比如一本图书的外观设计是否具有美感，一个科普视频的视觉效果是否让人产生良好的观感，等等。当然，颜值也关涉科普人员的自身形象以及 IP 的打造，人们倾向于认为高颜值的人会拥有更受社会欢迎的人格特质，同时也更有可能获得认同和信任。而做好科普的一个重要前提就是建立起稳固的信任关系，因为对于科普人员来说，不是你认为自己有多值得信任，而是受众认为你有多值得信任。

同时，科普需要用公众能够理解的语言来传递科学内容，而这就涉及了"言值"所蕴含的意义。一方面需要言简意赅、通俗易懂，通过打比方、举例子、讲故事等方式把抽象的科研成果具象化，促进公众对科学的理解；另外一方面，也需要尽量避免晦涩的专业术语和"行话"，做到硬内容的软表达以及深内容的浅表达，发挥语言应有的价值，避免把科普作为展示学问高深的"象牙塔"。

而"研值"就是要对所传播的内容有深入的研究，科普要在"最大程度上保证精确性的前提下，传递尽量多的信息"，但是科学性仍然是科普的核心要义，而这里的科学性就是"研值"所在。科普过程中所呈现出来的内容应该基于科学研究的成果，这也是"把科研做成科普，把科普做成科研"中所指代的要用科学研究的态度来做科普。因为基于研究成果（研值）的科普才真正能呈现出"颜值"和"言值"。

优秀的科普作品还需要满足受众的情绪价值，当然这里需要明确的是，情绪价值有正面的也有负面的，而科普作品需要关注正面的情绪价值，这也是某种意义上的"价值引领"。对于公众来说，他们首先并不关心你知道什么，他们想知道你关心他们。这则为科普的"情绪价值"功能的发挥提供了通路，同时公众是在寻找跟自己一样思考或共有某种价值观和信念的人，所以优秀的科普作品需要具有"共情"的能力，"人们会忘记你说过的话，忘记你做过的事，但他们永远不会忘记你带给他们的感受"，这种"感受"就是"情绪价值"所在。

因而，生产优秀的科普作品需要从"四值"入手，关注公众的需求以及他们所关心的问题，因为公众只有在特定情境下产生需求，才会接受或准备开始接受信息，而且接受的会多一些。而对"四值"的关注就需要做到亮"颜值"、厚"言值"、重"研值"、提供"情绪价值"，进而推动科普的高质量发展，因为"如果不能被传播，那么科学中的任何东西对社会来说都是没有价值的"。

是未完也是待续

……

第 20 章

走向科学的科学传播

行百里者半九十。
——黄庭坚
未来已来，只是尚未流行。
——凯文·凯利

• • •

任何一个故事，不论是悲剧还是喜剧，也不论剧情有多么冗长，它总要有一个结局。而本章就是全书的结局和终章。

就像周星驰的电影《大话西游》中紫霞仙子所说的那样："我的意中人是个盖世英雄，有一天他会踩着七色云彩来娶我，我猜中了前头可我猜不着这结局。"也许对于本书的读者而言，大概也是这个情形。

首先，很多人可能会觉得科普很简单，是依靠直觉就可以完成的一项工作，但是本书可以告诉你，科普并不简单，它有理论，有方法，它是科学，也是艺术；其次，科普是一个系统的过程，它虽然旨在把科学传播给目标受众，但是这其中牵涉众多的理论和方式方法，而且有些还是借用其他专业的理论。

虽然，这里提到了"理论"，但是细心的各位可能已经发现，本书没有一个专门的章节探讨理论的问题，或者说没有详细列举科普所涉及的理论，而且把一些理论贯穿到了不同的章节之中，比如缺失模型的问题，公众理解科学的问题，科普与价值观的问题，受众的问题，动机性推理的问题，框架的问题，等等。之所以这样安排，是出于以下考虑（我们不妨再重复这段文字）：

"在告诉科研人员该如何去传播，传播什么，以及为何传播上，学术圈开始繁荣起来。对这些领域的研究开始激增，然而不幸的是，这些研究的结果仍然在很大程度上存在于科研人员不会去看的学术期刊中，而且其语言也是科研人员可能不会真正理解的。因而在那些仍然从事传播的人与那些想告诉他们如何传播的人之间存在着某种隔阂。"

虽然本书没有专章探讨科普的理论，但是这并不意味着理论不重要，因为科普说到底要以科学为基础，要传播和普及科学，更要科学地普及与传播。

科普应该以科学为基础

什么才是好的科普？这个问题的答案既简单，又复杂。说它简单是因为我们只需要了解三件事，那就是了解受众，讲好科学故事，以及明确自己的目标。说它复杂，那是因为每一件事的背后都有着很多更深刻的内涵。

2013 年央视蛇年春晚小品《今天的幸福 2》带火了一句网络流行语，"打败你的不是天真是无鞋"。而对科学传播从业者来说，打败我们的不是"无鞋"而是"天真"，那是因为科学传播不能凭直觉，"数据应该打败直觉"，毕竟"有效的科学传播不是猜谜游戏，而是一种科学"。基于此，我们倾向于认为，科普要基于科学，基于科学的科普更加能够实现科普的效果。

我们在谈到科研人员参与科学传播时会提到"四不窘态"，也就是"不愿、不屑、不敢、不擅长"。在 2020 年中国科普研究所举办的第二十七届全国科普理论研讨会上，中国科学院院士周忠和在主旨报告中总结说，前述"四不窘态"中，不愿、不屑、不敢是认识问题，不擅长则是能力问题。同时，我们也常常说，科普是"全科"，它不仅仅是一门艺术，更是一门科学。

应该说，"科学传播"一词属于某种意义上的舶来品，因为先有了英文的这个词语，而后经国内学者的引进和翻译而流行扩散开来，并逐渐成为了与"科普"这个词汇并存的一个词语。当然随着国内科普实践和理论研究的不断演进，这两个词汇很多时候也同时出现在与科学大众化有关的场景之中。

实际上，自科学诞生以来，甚至是在科学并未建制化，科学家并未职业化之前，对科学进行普及和传播这一现象就已然出现了，毕竟科学家（scientist）一词直到 1834 年才被惠威尔仿照艺术家（artist）、经济学家（economist）等词语"杜撰"出来。

但是不可否认的是，对科学传播这一现象的关注，尤其是从理论上加以研究的历史相对较短，至今也不过 40 余年的时间。而恰恰是这短短的 40 余年，人们开始从理论的视角对科学传播进行了系统的研究，以期能够找到一些普遍性的理念和方式方法，虽然其研究成果往往还是出现在专业的学术期刊上，但至少已经表明研究人员希望把科学传播当作一门学问来对待，而不是仅仅依靠直觉。

当然，截至目前，科学传播在某种意义上仍然没有完全成为一个独立的学科，只不过它正在从隐学走向显学的道路上。这既带来了一定的机遇，也呈现出了不少的挑战。机遇在于我们可以从多种视角去探索和研究这一项"边界工作"，而挑战则是我们一时难以为科学传播确定边界，从而也出现了某些怪现象，比如借科学传播之名头而做非科学传播之实践的行为等。也正因如此，对科学传播这门学科的未来发展方向（如果称得上是学科的话）之探讨则更加紧迫。

自 2012 年起，美国科学院陆续召开了三次"科学传播的科学"（Science of Science Communication）研讨会，首次提出了"科学传播的科学"这一理念，随后《美国科学院院刊》（PNAS）上出版了前两次研讨会的"科学传播的科学"专辑，出版了《有效的科学传播：研究议程》一书，牛津出版社也出版了《牛津科学传播学手册》（The Oxford Handbook of the Science of Science Communication），该手册从六个部分探索了科学传播的科学，分别是综述科学传播的科学、在以攻击科学为特征的情况下找到并克服科学面临的挑战、对科学进行传播的失败与成功之处、精英中介在传播科学中的作用、媒体在传播科学中的角色，权力和危险以及克服在极化的环境中传播科学的挑战。从历次研讨会，出版的系列成果来看，研究人员认为，科学不是铁板一块。科学的各个方面，或者说被传播或被辩论的科学的应用是科学本身性质的一种功能/函数，科学或它们的社会启示以及有关新兴科学的社会动力机制使得这种类型的应用得以成为可能。传播是一个过程的必然组成部分，这个过程就是描述科学发现的特征，让科学家对科学发现进行参与，以及同决策者和不同公众分享这些科学发现的过程。

自这一新提法出现以后，很多研究人员把焦点也放在了"科学传播的科学"之上，并且出现了一些相关的理论成果，比如欧盟曾召开过未来的科学传播（Future of Science Communication）会议，与会者讨论了科学传播的科学这一理念的需求和目标，以促进研究与实践之间的合作，同时让科学传播触达目标受众等；再比如，曾担任澳大利亚科学传播者（Australian Science Communicators）主席的科密克（Craig Cormick）在其新近出版的著作中就直接以科学传播的科学为标题（*The Science of Science Communication-The Ultimate Guide*）。

诚然，如果从纯理论研究的视角来看，这个理念有换汤不换药之嫌疑，因为研究人员当前关注的主题和领域依然是之前一直所关注的，比如科学家对科学传播的参与，科学的媒体化，公众参与科学与公民科学项目，科学家与（新）媒体的关系，科学与社会的融合，等等。但是，我们不能否认的是，越来越多的学者和从业者开始关注到，这一实践需要理论的指导，它本身也是某种意义上的"科学"，而且通过研究，我们是可以发现这其中所蕴含的规律、模式和方法的，同时这些发现也能够有效地指导相应的实践，从而"相得益彰"，互相促进。

相较于国外的研究进展，在中国，无论我们称之为科普还是科学传播，都有着广阔且丰富的实践，是一个值得深入发掘的"富矿"，国内的从业者，无论是理论研究者还是实践者，都努力从事着相关的工作，力求做出一流的成果，推动理论与实践的发展。国务院印发的《全民科学素质行动规划纲要（2021—2035年)》就提出了包括科技资源科普化工程、科普信息化提升工程、科普基础设施工程、基层科普能力提升工程和科学素质国际交流合作工程在内的五大工程，这既为科普和科学素质工作指明了方向，也必将进一步丰富我们的科普实践，为相关研究提供丰富的样板和经验借鉴。

有限目标与终极目的

科普的最终目标是提高公民科学素质，助力创新型国家建设。对于科普从业者来说，我们也要以此终极目的为导向，只不过涉及具体科普工作的过程中，我们需要明确区分有限目标与终极目的。

因为任何一项科普工作或者科普活动，我们都不可能言之凿凿地说它提高了公民科学素质，毕竟公民科学素质的提升是一项工程，它需要对目标层层分解，只有相应的小目标实现了，我们才能最终实现终极目的。

从这个角度来说，科普要明确拟达到的具体目标。比如通过一次科普活动，一场科普报告，一个科普视频或者一本科普图书让受众对科学有了更加理性的认识，让他们能够把从中获得的科学理念运用到日常生活之中，或者让他们扭转了一些曾经错误的认知和观念等，这些都是潜移默化的小目标，或者说有限目标。

同时，我们还可以从另外一个角度对有限目标和终极目的进行拆解。

对于任何一个科普从业者来说，即便我们的科普技能有待提升，但是至少在科学知识的积累以及对科学的理解程度上是具备专业素养的，而科普的目标受众在这个方面可能存在着不足或者说欠缺，因而科普就需要通过公众参与等众多方式提升他们对科学的认同，以及对科学的接纳和采用。

从这个方面来说，我们不能期待仅仅通过科普就让目标受众达到与科普人员同样的知识层次，就像我们说像科学家一样思考，我们的目标绝对不是要让所有人都成为科学家，而是强调每个人都应该具备科学的思维方式。这也就是科普人员"十年苦修"所积累的对科学的认知和知识储备不可能期待目标受众"一夕顿悟"。

总之，做好科普需要把握好有限目标与终极目的。

再议科学方法

做科普不仅仅要告诉公众科学是什么，还要告诉他们科学为什么。"是什么"与"为什么"的区别就在于科学知识与科学方法，科学理性和科学精神等等。换句话说，科普不仅仅要传播知识，更要引导公众崇尚科学精神，树立科学思想，掌握基本科学方法，因为"科学的精髓是其方法"。

说到方法，就有一个值得科普工作者或者说从事科普的人去思考的问题：科普有方法吗？或者说我们是否需要一套科普方法论？如果有的话，那么这些科普方法是什么？

现实情况下，无论你是阅读科普文章，刷科普视频，听科普演讲，相信你都会有下面的这番感受：科学内容经过一些人的阐述，会让你感到豁然开朗，非常过瘾，甚至能激发出你去探索更多科学的兴趣和欲望；但也有一些人把本来可以很有趣的内容讲得很枯燥。实际上，这里面就涉及一些科普方法的问题，只不过这些科普内容并不会把科普方法外显化，而是内隐在它们所表达的内容以及表达方式之中。

实际上，无论是科研人员还是专职的科普工作者，我们都可以发现他们有自己的一套方法论。同时，我们也要承认，科普的实践性很强，如何做好科普的理论或者说方法论应该建立在实践的基础之上。这里面实际上存在着一个悖论或者说"窘境"，研究人员研究出来的如何做好科普的理论成果也往往会发表在学术期刊之上，而那些从事科普实践的人却很少去看这些期刊上的成果。于是二者就发生了时空交错，或者说不在一个"频道"上。

所以这就需要把理论和实践结合起来，从实践中总结做好科普的方法，同时也把理论研究的成果传播给从事科普实践的人。

通过系列交流和访谈，我们也可以发现，有些科普从业者认为并没有科普方法这一说，或者说做好科普并没有"一定之规"，因为目标受众感觉好、有收益，那就是优秀的科普。实际上这已经流露出了他们对科普方法的看法，虽然有些人并没有意识到，但是他们潜意识里就是在践行某些科普方法和理念，比如搞明白自己的目标受众。这也就是说，很多专家也有自己的一套方法论，这些方法是在实践中摸爬滚打出来的，具有很大的参考价值和指导意义。但是他们并没有刻意地去总结梳理，甚至很多人对如何做好科普的方法是融合在各自的科普报告、科普视频和科普文章中的，只不过他们不会特别地去总结和梳理自己的方法论，因为绝大多数人都会在自己的科普实践中用到讲故事、打比方、举例子、"去术语化"等方式方法。

实际上，我们倾向于认为，做好科普还是有一定的方式方法的，只不过有些时候从事科普实践的人是在不自知的情况下践行着这些方式。这也给科普研究人员提出了一个课题，那就是通过对实践的观察和深度参与总结梳理出取得大家公认的方法，以为更多的科普从业者提供方法论上的指导。正所谓"取乎其上，得乎其中；取乎其中，得乎其下；取乎其下，则无所得矣"。

参考文献

1. 鲍尔. "公众理解科学"之嬗变：从"素养"到"社会之科学"[J]. 科普研究,2006(3):45－50. DOI:10.3969/j.issn.1673－8357.2006.03.008.

2. Papanelopoulou F ,Agustí NietoGalan. Popularizing Science and Technology in the European Periphery, 1800－2000[J].Centaurus, 2009, 53(4): 255－255.DOI:10.1111/j.1600－0498.2011.00236.x.

3. Bowler P. Science for All: The Popularization of Science in Early Twentieth-Century Britain[J]. 2009.DOI:10.5860/choice.47－3777.

4. LaFollette, Marcel. Making Science Our Own: Public Images of Science, 1910－1955. Chicago: University of Chicago Press, 1990.

5. 石顺科. 英文"科普"称谓探识[J]. 科普研究,2007(2):63－66,80. DOI:10.3969/j.issn.1673－8357.2007.02.010.

6. 刘华杰. 论科普的立场与科学传播的信条[J].自然辩证法研究, 2004, 20(8):5.DOI:10.3969/j.issn.1000－8934.2004.08.020.

7. 英国皇家学会.公众理解科学[M].唐英英,译.北京:北京理工大学出版社,2004.

8. 英国上议院科学技术特别委员会.科学与社会[M].张卜天,张东林,译.北京:北京理工大学出版社,2004.

9. 王大鹏.科学大众化不同阶段的缺失与补偿机制[J].科普研究, 2020, 15(6):9.DOI:10.19293/j.cnki.1673－8357.2020.06.008.

10.布奇,特伦奇.公众科技传播指南[M].李红林,刘立,译.北京:中国科学技术出版社,2022.

11.中华人民共和国中央人民政府.中共中央办公厅 国务院办公厅印发《关于新时代进一步加强科学技术普及工作的意见》. https://www.gov.cn/zhengce/2022－09/04/content_5708260.htm.

12.中华人民共和国中央人民政府.国务院关于印发全民科学素质行动规划纲要(2021—2035年)的通知. https://www.gov.cn/zhengce/content/2021－06/25/content_5620813.htm.

13.刘兵,侯强.国内科学传播研究:理论与问题[J].自然辩证法研究,2004,(05):80－85.DOI:10.19484/j.cnki.1000－8934.2004.05.019.

14.贝尔纳.科学的社会功能[M].陈体芳,译.北京:商务印书馆,1982.

15.Burns, T. W., O'Connor, D. J., & Stocklmayer, S. M. (2003). Science Communication: A Contemporary Definition. Public Understanding of Science, 12(2), 183－202. https://doi.org/10.1177/09636625030122004.

16.美国国家科学院、工程院和医学院.有效的科学传播:研究议程[M].王大鹏,译.北京:科学出版社,2018.

17.戴维斯,霍斯特.科学传播:文化、身份认同与公民权利[M].朱巧燕,译.北京:科学出版社,2018.

18.翟杰全.科学传播学:一个亟待开拓的研究领域[J].未来与发展,1990(5):5.DOI:CNKI:SUN:WLYF.0.1990－05－010.

19.吴国盛.当代中国的科学传播[J].自然辩证法通讯,2016,38(02):1－6.DOI:10.15994/j.1000－0763.2016.02.001.

20.格雷戈里,米勒.科学与公众:传播、文化与可信性[M].北京:北京科学技术出版社,2016.

21.奥尔森.别做这样的科学家:走出科学传播的误区[M].王大鹏,王芳,译.北京:科学出版社,2021.

22.伯纳姆.科学是怎样败给迷信的:美国的科学与卫生普及[M].钮卫

星,译.上海:上海科技教育出版社,2006.

23.卡拉达.科学家传播能力指南[M].王大鹏,译.北京:中国科学技术出版社,2017.

24.萨根.魔鬼出没的世界[M].李大光,译.海口:海南出版社,2010.

25.泰森.把宇宙作为方法:天体物理学家写给所有人的 101 封信[M].阳曦,译.天津:天津科学技术出版社,2021.

26.赫拉利.人类简史[M].林俊宏,译.北京:中信出版社,2020.

27.科米克.科学传播的科学[M].王大鹏,王慧超,黄荣丽,译.北京:清华大学出版社,2021.

28.费伊.聚光灯下的明星科学家[M].王大鹏,译.上海:上海交通大学出版社,2017.

29.Bucchi, M., & Trench, B. (Eds.). (2008). Handbook of Public Communication of Science and Technology (1st ed.). Routledge. https://doi.org/10.4324/9780203928240.

30.国家自然科学基金委员会.国家自然科学基金委员会关于新时代加强科学普及工作的意见. https://www.nsfc.gov.cn/publish/portal0/tab442/info90268.htm.

31.Sagan C.Why we Need to Understand Science[J].Mercury, 1993.

32.Lewenstein, B. V. (1992). The meaning of 'public understanding of science' in the United States after World War II. Public Understanding of Science, 1(1), 45-68. https://doi.org/10.1088/0963-6625/1/1/009.

33.艾伦.媒介、风险与科学[M].陈开和,译.北京:北京大学出版社,2014.

34.梅德韦基,里奇.科学传播伦理学[M].王大鹏,方芗,译.北京:清华大学出版社,2021.

35.西奥迪尼.影响力:你为什么会说"是"? [M].张力慧,译.北京:中国社会科学出版社,2003.

36.勒庞.乌合之众：大众心理研究[M].桂林：广西师范大学出版社,2011.

37.钟琦.中国科普互联网数据报告2017[M].北京：科学出版社,2018.

38.Camerer,C.,Loewenstein,G.,and Weber,M.（1989）.The curse of knowledge in economic settings：An experimental analysis.Journal of Political Economy,19(5),1232-1254.

39.王大鹏,张梦,黄荣丽.打破"知识的诅咒"兼论科学传播中的去术语化[J].科技视界,2023(12):8-13.

40.弗里德曼,邓伍迪,罗杰斯.传播不确定性：对新兴和争议性科学的媒体报道[M].北京：北京科学技术出版社,2016.

41.吴以义.什么是科学史[M].上海：生活·读书·新知三联书店,2020.

42.金.那些让我们深信不疑的太空伪科学[M].北京：人民日报出版社,2021.

43.伯格斯特龙,韦斯特.拆穿数据胡扯[M].胡小锐,译.北京：中信出版社,2022.

44.中华人民共和国中央人民政府.中共中央办公厅、国务院办公厅印发关于《关于加强科技伦理治理的意见》.https://www.gov.cn/gongbao/content/2022/content_5683838.htm.

45.斯洛曼,费恩巴赫.知识的错觉：为什么我们从未独立思考[M].祝常悦,译.北京：中信出版社,2018.

46.刘嘉麒.科学性是科学普及的灵魂[J].科普研究,2014,9(05):5-6,13.DOI:10.19293/j.cnki.1673-8357.2014.05.001.

47.海斯,格罗斯曼.科学家与媒体打交道指南：来自忧思科学家联盟的实践建议[M].王大鹏,译.北京：科学普及出版社,2021.

48.安格尔.科学新闻导论[M].王大鹏,张寒,译.北京：科学普及出版社,2020.

49.贾鹤鹏,王大鹏,杨琳,等.科学传播系统视角下的科技期刊与大众媒体合作[J].中国科技期刊研究,2015,26(5):6.DOI:10.11946/cjstp.201501150053.

50.王大鹏.愿景与门道:40位科普人的心语[M].南京:江苏凤凰科学技术出版社,2023.

51.沃尔文,科克利,吴红雨.倾听的艺术(第5版)[M].上海:复旦大学出版社,2010.

52.贾米森,卡亨,舍费尔.牛津科学传播学手册[M].北京:中国科学技术出版社,2024.

53.Nisbet M C,Scheufele D A.What's next for science communication?Promising directions and lingering distractions[J].American Journal of Botany,2009,96(10).DOI:10.3732/ajb.0900041.

54.吉尔伯特,斯多克迈尔.科学和参与科学技术:议题与困境[M].王黎明,王大鹏,张会亮,译.北京:科学出版社,2019.

55.古尔德.干草堆中的恐龙[M].谢梦如,译.海口:海南出版社,2021.

56.西蒙斯.故事思维:影响他人、解决问题的关键技能[M].俞沈彧,译.南昌:江西人民出版社,2017.

57.Palermo,B.,Barton,D.S.,& Olson,R.(2013).Connection:Hollywood Storytelling Meets Critical Thinking.

58.奥尔森.科学需要讲故事[M].重庆:重庆大学出版社,2018.

59.美国国家科学院,美国国家工程院,美国国家医学院.有效的科学传播:研究议程[M].王大鹏,译.北京:科学出版社,2019.

60.卡尼曼.思考,快与慢[M].胡晓姣,李爱民,何梦莹,译.北京:中信出版社,2012.

61.任福军,翟杰全.科技传播与普及概论(修订版)[M].中国科学技术出版社,2018.

62.王唯滢,王丽慧,王 挺.加强国家科普能力建设:时代使命、基本内涵与实践路径[J].科普研究,2024,19(1):5-16.

63.王丽慧,王唯滢,尚 甲,王 挺.我国科普政策的演进分析:从科学知识普及到科学素质提升[J].科普研究,2023,18(1):78-86.

64.王挺.明确科普概念是《科普法》修订的基础[J].科普研究,2022,17(2):1-2.

65.王 挺.夯实中华民族伟大复兴的科学根基:全面落实《科学素质纲要(2021—2035 年)》的思考[J].科普研究,2021,16(4):5-13.

66.王大鹏,黄荣丽,陈玲.新时代科学家参与科普的现状与路径思考.中国科学院院刊,2024,39(11):1994—2004,doi:10.16418/j.issn.1000-3045.20231108004.

67.高宏斌,周丽娟.从历史和发展的角度看科普的概念和内涵[J].今日科苑,2021,(08):27-37.

68.任杰,刘萱.我国科学传播的社会语境思考[J].科普研究,2016,11(02):24-30,96-97.DOI:10.19293/j.cnki.1673-8357.2016.02.003.

69.王大鹏.科研与科普相结合:历史、理念与展望[J].今日科苑,2016,(04):18-21.

70.王康友,尹霖,谢小军,等.把科学普及这一翼打造得更强大[J].科普研究,2016,11(03):5-9.

71.王大鹏.从科学家与媒体的关系看科普[J].科协论坛,2016,(09):36-37.

72.郑念.当今社会需要什么样的素养[J].科学与社会,2016,6(02):1-8.DOI:10.19524/j.cnki.10-1009/g3.2016.02.001.

73.何薇,张超,任磊.中国公民的科学素质及对科学技术的态度:2015年中国公民科学素质抽样调查结果[J].科普研究,2016,11(03):12-21,52,116.DOI:10.19293/j.cnki.1673-8357.2016.03.001.

74.王大鹏.从科学家与公众互动的视角破解转基因科普困境[J].科技

传播,2016,8(22):91 - 93. DOI:10.16607/j.cnki.1674 - 6708.2016. 22.029.

75.王大鹏.英国科学协会对科学传播的建议[J].科协论坛,2017, (03):33.

76.高宏斌.科技类学术期刊应多承担科普责任[J].中国基础科学, 2017,19(01):50 - 51.

77.李秀菊.关于科学,我们到底应该学什么?[J].科技导报,2016,34 (24):143.

78.王大鹏.科学传播的演变与当前面临的挑战[J].青年记者,2017, (15):9 - 11.DOI:10.15997/j.cnki.qnjz.2017.15.006.

79.王康友,谢小军,周寂沫.互联网时代的科学普及[J].科普研究, 2017,12(05):5 - 9,106.DOI:10.19293/j.cnki.1673 - 8357.2017.05.001.

80.尹霖,刘萱.面向公众的科学传播:缘起、发展及研究[J].科技传播, 2017,9(18):84 - 86,89.DOI:10.16607/j.cnki.1674 - 6708.2017.18.042.

81.孟凡刚.科普工作急需将重点转向科学方法宣传普及[J].科技导 报,2017,35(23):11.

82.王大鹏.科学家从事科普的相关问题分析[J].科学,2017,69(06): 33 - 35,4.

83.王黎明,钟琦.基于搜索数据的网民科普需求结构和特征研究[J]. 科普研究,2018,13(04):51 - 60,107 - 108.DOI:10.19293/j.cnki.1673 - 8357.2018.04.007.

84.郑念,王明.新时代国家科普能力建设的现实语境与未来走向[J]. 中国科学院院刊,2018,33(07):673 - 679.DOI:10.16418/j.issn.1000 - 3045.2018.07.003.

85.陈玲,李红林.科研人员参与科普创作情况调查研究[J].科普研究, 2018,13(03):49 - 54,63,108.DOI:10.19293/j.cnki.1673 - 8357.2018. 03.007.

86. 王大鹏. 科普人员也需要科普[J]. 青年记者, 2018, (27): 112. DOI: 10. 15997/j. cnki. qnjz. 2018. 27. 063.

87. 王大鹏. 漫谈科普中的信任问题[J]. 青年记者, 2018, (24): 112. DOI: 10. 15997/j. cnki. qnjz. 2018. 24. 069.

88. 王大鹏. 后真相时代更应关注负责任的传播[J]. 青年记者, 2019, (24): 95. DOI: 10. 15997/j. cnki. qnjz. 2019. 24. 046.

89. 王大鹏. 科学家与媒体关系再反思[J]. 青年记者, 2019, (36): 95. DOI: 10. 15997/j. cnki. qnjz. 2019. 36. 048.

90. 王大鹏. 网络科普达人科普面面观[J]. 青年记者, 2019, (30): 95. DOI: 10. 15997/j. cnki. qnjz. 2019. 30. 046.

91. 赵东平, 高宏斌, 赵立新. 中国科普人才发展存在的问题与对策[J]. 科技导报, 2020, 38(05): 92 - 98.

92. 王艳丽, 钟琦. 新媒体环境下科学传播中的受众行为研究[J]. 科技传播, 2020, 12(15): 5 - 11. DOI: 10. 16607/j. cnki. 1674 - 6708. 2020. 15. 004.

93. 王大鹏, 黄荣丽. 科技资源科普化的困境与出路: 以学术论文与科普文章的衔接转化为例[J]. 科技与出版, 2020, (11): 116 - 121. DOI: 10. 16510/j. cnki. kjycb. 2020. 11. 16. 016.

94. 黄荣丽, 王大鹏. 科普的功能与作用: 基于社会整体视角的分析[J]. 学会, 2020, (12): 50 - 55.

95. 王大鹏, 李振道. 关于科普人才科普能力建设的几点认识[J]. 天津科技, 2021, 48(06): 1 - 4. DOI: 10. 14099/j. cnki. tjkj. 2021. 06. 001.

96. 武丹, 齐佳丽, 任嵘嵘. 融媒体环境下科学传播的再思考[J]. 科技风, 2021, (13): 88 - 90. DOI: 10. 19392/j. cnki. 1671 - 7341. 2021. 13. 042.

97. 郑念. 科普要发挥政治引领和价值引领作用[N]. 人民政协报, 2021. 11. 26(008). DOI: 10. 28660/n. cnki. nrmzx. 2021. 009046.

98. 谢小军. 以"大科普"开启新时代科普事业新篇章[J]. 科普研究,

2022,17(05):15－17.

99.谭一泓,贾鹤鹏,王大鹏.媒体报道与我国期刊影响力关系的实证分析:基于科技期刊传播力提升的视角[J].中国科技期刊研究,2022,33(10):1425－1431.

··· 后 记

对于一个研究人员来说，能够出版自己的专著是一件大事，是一件困难的事情，也是一件幸事。首先自己要有值得写出来与人分享的想法，其次把这些想法系统地整理成书非要费一番功夫不可，再次也得有出版社愿意提供出版途径。

现在回想起来，这本书第一个章节第一部分的初稿大概完成于2017年，当时一时冲动，觉得自己可以在给媒体写豆腐块评论性文章的基础上系统地梳理一下自己对科普研究的想法，于是就堂而皇之地开始了，但是起初的框架与今天呈现在各位读者面前的有很大的差别。其实说起来也不是什么大问题，毕竟想法会随着学习的深入而发生变化，尤其是近几年来我个人一直关注科普的方法论这个问题。

科普说起来容易，做起来难，它并不像坊间传说的那样，科普是"小儿科"，做不好科研的人才去做科普。实际上，就像我曾经打趣地说过那样，科普是"全科"。我们需要的是把科研做成科普，把科普做成科研，这里稍微解释一下，科研成果需要通过科普的形式进行传播和扩散，做科普要用科学态度，毕竟科普也是一门学问，做好科研并不天然地等同于能够做好科普，它需要有理论的支撑，有科学方法的指导，当然也需要科普人员有内驱力，有热情，有分享欲，有扎实的科学基础。这大体上算是本书的核心内容。如果说在科普上也存在"道法术器"等几个层面，那么这本书更多的是在"术"与"器"的层面上展开的论述，虽然前面几个章节也稍微涉及一些相应的理论，但是与纯理论性的学术专著的区别不是一星半点。

　　同时，这本书之所以能够最终完成，也离不开各位师友和同行的勉励和支持。大概是 2018 年，我翻译的《聚光灯下的明星科学家》获得了第九届吴大猷科学普及著作奖的佳作奖，当然此前我也翻译了几本科普领域的图书。在给一位业内专家赠送该书的时候，他曾语重心长地跟我说，不要老翻译东西了，要争取自己写点原创的。我说我已经在媒体上写了一些评论文章了。这位专家说，不能光写评论文章，要争取能写出有自己风格的著作。过了一段时间，当在某个会议上再次遇到这位专家，并告知他我打算把自己写过的百余篇评论梳理成书时（当然那个时候八字还差一撇，因为还没有出版社接招），他又语重心长地跟我说，不能用发过的东西，要重新写。

　　虽然这件事情已经过去至少有两三年的时间了，但是却一直萦绕在我的心头，什么时候我能写出自己的书呢？同时，在过去的两三年里，全球遭遇了一场意外事件的侵袭，很多人失去了宝贵的生命，其间我们又翻译了一两本科普相关的书籍，而我越发觉得有必要把六七年前放下的事情再拿起来，继续完成既定书稿的写作。只不过世界变化很快，当时的一些框架已经稍显落后了，于是我重新修订了框架，把之间聚焦在科学家如何与媒体打交道上的主题进行丰富扩展，从而致力于稍微探讨一下科普的理念，科普的一些变化和特征，科普的方式方法等，这不仅是对原有思路的一种拓张，更是一次革新，因为我更希望从中观，或者说微观的视角来思考科普相关的问题。

　　本书的全部初稿完成于 2023 年初，其间也征求过业内部分同行的意见。接下来其实就是找出版社了，因为对于当前的图书市场来说，出版一本图书需要综合考虑经济效益和社会效益，而对于一本专门论述科普的图书来说，其经济效益显然无法与畅销书或者常销书相比，尤其如果这本书再稍微偏学术一点，那么它的目标受众必然会十分有限。可喜的是，近年来出台了很多科普相关的政策，党和政府对科普工作的重视程度也日益增加，因而这可以说在一定程度上有助于偏向于操作手册类的科普著作获得关注，也正是在这样的背景下，2023 年 6 月，我与湖南科学技术出版社的胡艳红总编就这本书的有关问题进行了深入交流，并进一步敲定了后续的出版事宜。

现在，有必要回过头来说一下这本书的大概内容。

这本书共计 20 个章节，分为三大部分。

第 1 章至第 8 章侧重于科普的基本理念，包括对科学大众化发展历程的简要描述，并从有关文献中对不同阶段的特征进行了初步的分析和探讨；值得关注的是，虽然近年来很多学者提出要用"科学传播"替代"科普"，但是如果从中国巨大的科普实践来看，中国化的科普这个概念的内涵和外延要比科学传播更加丰富，当然这只是个人的一点浅见，因而虽然有专章（第 2 章）论述科学传播的问题，但这个问题不是本书的重点，而应该成为更专门的学术研究进行探讨的一个方向。接下来的几章旨在破除一些"迷思"，包括科学家做科普除了用责任和义务的框架进行考察之外，我们似乎也应该思考一下科普能够给科学家，给科学共同体带来哪些意想不到的益处，当然科普对于公众来说显然是有益处的，只不过有时候被看作是一种"缺省配置"了。解决完这个问题，我们就需要思考到底谁应该做科普，或者说谁是科普的主体。第 4 章从科研人员、媒体从业者和职业科普人三个维度进行了探讨。科普是一门专业性很强的实践性活动，当然也需要有理论的支撑，因而对于科研人员来说，要做好科普并不容易，我们有必要为其提供支持，甚至是一些培训。第 5 章则从理念的层面上提出这个问题并加以分析。第 6 章至第 8 章重点探讨科普的受众这个话题，首先用国内外的一些调查来谈谈普通人如何看待科学，如何看待科学家，进而让科普人员在做科普的过程中心中有数，进而上升到信任的层面，因为对于任何传播来说，信任的建立是首要条件，毕竟人们愿意相信他们信任的人传给他们的信息，科普也概莫能外。那么科普的受众到底是谁，我们该如何拆解公众，或者说让科普更有针对性，这就需要我们对受众有深入的了解。

　　第二部分从第 9 章到第 13 章，主要侧重在科普面临的一些困难和出现的变化上。比如因为知识的诅咒，术语和"黑话"，科学在本质上的不确定性以及科研人员存在着"四不窘态"等情形，导致了对科学进行传播是困难的，但是困难的存在并不意味着不做科普，而是需要科普人员清晰地认识到这些困难，才能更好地开展科普工作。当前，我们正在倡导科普要从知识补课转向价值引领，因而科普也相应地要发生一些转变，包括从是什么到为什么，从追求有效到负责，等等。科普人员在开展科普的过程中，经常会面临着辟谣的问题，也就是错误信息出现后如何进行修正的问题，因而本书也专章（第 12 章）对此进行了一定的阐述，包括介绍了流言的历史，从第三人效果的层面探讨了为什么人员愿意转发和传播"伪科学"，以及因为科学的不确定性本质而产生的谣言，最后给出了相应的建议。当然，科普也有伦理的问题，在工作层面上，2020 年 9 月，中国自然科学博物馆学会、中国科普作家协会、中国科技新闻学会、中国科协创新战略研究院和北京果壳互动科技传媒有限公司五家单位共同发起过《科普伦理倡议书》，旨在不断强化科普伦理意识，做向善、负责任的科普。对于科普从业者来说，把握科普的时机，区分有意的无知和故意的忽视等议题应该是科普伦理中需要考虑的议题。

　　本书的最后一部分是重点，也是核心，它聚焦于做好科普的方法，或者可以说是对科普的"科普"，因为"授人以鱼不如授人以渔"，这一部分从第 14 章到第 20 章均侧重在不同的方法论层面上，以期能够给科普从业者提供一些参考。比如第 14 章侧重阐述科研人员接受媒体采访的一些思考，虽然如今的很多自媒体可以绕过传统上的新闻发布机制而独立发布科学相关的信息，但是科研人员和科研成果依然是信源，因而科研人员也会面临这个镜头和场景，需要对此有一些了解。与科普视频相比，文章的点击量似乎有所下降，但是科普文章和科普图书的作用不能被忽视，而要写好科普文章也需要有一定的技巧，比如怎么把科研论文转化为科普文章，在写作的过程中需要用到隐喻等技法，甚至可以遵循"三三制"原则，等等。当然做好科普工作不能单纯地依赖直觉，在满足公众的兴趣之前需要先了解或者说激发出他们的兴趣，也就是要建立起与他们的相关性，同时科普人员也不能把舞台让给我们鄙视的人，因为"科普所放弃的空间很快就会被伪科学所占领"，第 16 至第 17 章对此有专门的阐释。第 18 章回到被反复重申的一个话题，科学需要讲故事，科普就是要讲好科学的故事，这方面已经有专门的著作进行探讨，但是这一章选择了一些让故事得以成立的小妙招，比如要从平铺直叙转向起承转合，要为故事找到合适的框架，要凝练核心信息，并且围绕核心信息建构叙事。也许在一些科普从业者看来，科普并不存在方法论，只要有效，那么就是好科普，但是从研究的视角来看，有效的科普背后一定有值得去发掘和探究的方法论，但是由于作者的能力有限，几乎不可能穷尽所有的方法，只好在第 19 章狗尾续貂一下，做一个关于科普方法的补遗，把无法纳入之前章节的一些方法单独罗列，也期待各位科普工作者在后续的实践中凝练出更多的有效的方式和方法。本书的最后一章尝试回到科普的理论层面，也就是做好科普要以科学为基础，要用科学的方法做科普，要做科学的科普。

当然，这本书能够顺利完成并出版，要感谢的人太多太多。首先要感谢中国科普研究所提供的平台，我从 2008 年入职中国科普研究所以来，就一直得到各任所领导的支持和鼓励，这也让我能够接触各行各业的科普从业者，并从旁观者的视角来考察他们的科普实践，同时在这样的平台上，我也能够把自己的兴趣和工作结合起来，有时候会天马行空地思考一些扩展性的命题。其次，要感谢活跃在科普一线的科普工作者，这些人用生动有趣的科普内容和丰富多样的形式为公众提供了科普大餐，也为像我这样的研究者提供了与他们深入交流和研究的机会。再次，也要感谢为本书的出版付出了大量辛勤和汗水的湖南科学技术出版社的各位同仁以及撰写了序言和推荐语的各位专家学者，出版社的编辑们和领导们对书稿提出了很多宝贵的意见，也让这本书能够以完整的面貌呈现给各位读者，而撰写序言和推荐语的各位专家学者也都是字斟句酌，力争给出具有代表性的观点和评价。最后，更要感谢我的家人，每当晚上我要哄女儿睡觉的时候，她总是会说爸爸一会又在写东西了；每当我跟妻子闲聊我的"宏图大业"时，她也总是说，你高兴就好。于我而言，我愿意把科普作为自己的事业来对待，也希望能有更多更好的科普研究成果呈现给各位。

··· 推荐语

　　王大鹏著的《问道与闻道：高质量科普的实战方法与技巧》一书，是一部内容丰富的科普书，几乎涉及了科普的方方面面；这是一部饶有兴趣的科普书，对科普中遇到的各种问题进行了理论探讨与实践分析；这也是一部颇具理性的科普书，对于科普中遇到的各种问题提供了解决方案。这还是一部旁征博引的科普书，为读者了解科普的进程与发展打开了一扇窗；这更是一部文笔优美、简洁流畅的科普书，读来让人感觉脑洞大开、兴趣盎然，刷新了对科普、科学传播的认知。

国家林草科普首席专家
中国科学技术大学科学传播研究与发展中心研究员

　　科普主要看效果。该书作者对科普有深入的研究和丰富的经验，书的内容涵盖了科普的历史、现状、理论和实践，我相信对已经和打算做科普的科学家、科普作家以及科普活动的组织者都会有很大的帮助。

中国科学院高能物理研究所研究员、粒子天体物理中心主任

科普不是"小儿科"。好的科普作品应该是专家看着"没错",读者读得"明白",还要深入浅出,趣而不俗。所以做科普也是需要修炼的"艺术",非下苦功不可。本书围绕着科普"修炼"的不同层次,给出了作者的观点,可给读者以启发,使从业者少走弯路。

全国气象学科首席科学传播专家

这是一本让你感受到科普魅力的书,是对科普的科普,既包括科普的前世今生,也包括科普的理论基础,还有科普的工具方法。大鹏用通俗的语言,丝丝入扣地解构了科普的复杂图景,描绘了一个充满无限可能的科普未来。希望通过这本书,让你了解科普、喜欢科普、参与科普。

中国科学院科技战略咨询研究员

科普不是小儿科,做好科普并不容易,但是做好科普还是有一定的路径可循的,本书从"术"和"器"的角度对如何做好科普工作提供了一些可供借鉴的思考,有助于推动用科学方法做好科普。

北斗卫星导航系统科学家

无论是科普,还是科学传播,对于从业者来说,掌握方法和技巧,比学习科技新知更为重要。这本书不仅清晰地阐释了科普、科学传播等基本概念,难能可贵的是用国内外成功的案例,总结了实现科学大众化目标的方法和技巧。对于正在从事这个职业，以及未来将投身于这个行业的人来说，是一本值得阅读和借鉴的实用手册。

中央广播电视总台制片人、高级编辑

研究科普的学者有两种，用文章、视频等方式做科普实践的和在学术期刊上发科普研究论文的。这两类我都认识很多朋友，王大鹏老师就是后者的代表之一。他热心著述和组织活动，例如《愿景与门道：40 位科普人的心语》就是他组织编写的科普方法论汇编。他在本书中多次提到一个问题，研究科普的论文大多还是发在科普实践者很少看的科普学术期刊上，那么这些论文意义何在呢？我对这个问题也非常感兴趣，所以我把此书看作科普研究者写给科普实践者看的一个尝试，两类科普工作者之间的一座桥梁。希望这座桥梁对双方都有益，而且激励更多人关心与投身科普事业。

中国科学技术大学合肥微尺度物质科学国家研究中心副研究员
"典赞·2018 科普中国"十大科学传播人物

王大鹏老师从观察者和研究者的视角入手，对长期在一线开展科普的科技工作者所形成的一套"科普理念"加以总结，并结合该领域的一些科学研究成果，为科技工作者更好地开展科普工作提供了必要的参考。

全国空间探测技术首席科学传播专家

过去将近 20 年的科普工作告诉我，做科普要讲究方法和策略，才能真正触达用户，才能真正达成目的。这一点一滴的经验，都需要靠自己的实践积累。现在好了，王大鹏老师的新书不仅仅让我们明白科普的意义和价值，更让我们有了可以参照的工作路径，这是一本非常实用的科普工作指导手册。

科普作家，中国科学院植物学博士

科普是提高全民科学素养的关键一环，但如何做好科普并不容易。王大鹏老师在科普领域深耕多年，本书系统性地分享了他在科普方面的经验，值得每位科普爱好者阅读。

张军平

复旦大学教授，中国自动化学会普及工作委员会主任

科普乃大学问也！从一阶面向社会公众多样形式之实践，到二阶之于科普或科学传播之理论研究，涉面之广，所思之深，及目之远，学杂问繁，即便业内人士亦尚未明晰。王君大鹏兄在科普研究领域劬学勤思，慧眼如心，旁征博引，铸就宏作。与科普相关各界同仁当应拜阅，获益匪浅！是为荐。

国家动物博物馆馆长、研究员

大鹏老师的这本谈论科普的论著非常接地气，其章节主题的设置都是科普实践中会遇到的认识和行动选择方面的真问题，反映了大鹏老师多年浸淫科普实践和科普研究一线所沉淀的丰富经验和真知灼见。科普需要脚踏实地，需要与时俱进，也需要具体情况具体分析。从某种意义上，大鹏老师的这本书是一本科普实践的问诊解惑操作手册，值得参考，予人启迪。

清华大学新闻与传播学院教授、清华大学图书馆馆长

作为一本"元科普"的书，这本介绍关于科普的科普书为科普工作提供了全面的指导，回答了很多科普的原点问题：何为科普？科普有用吗？谁来科普？如何科普？作者以丰富的经验为基础，用有趣的笔法娓娓道来，值得相关研究者与从业人员一读。

上海交通大学媒体与传播学院教授、副院长

在这个信息爆炸的时代，科普工作显得尤为重要。《问道与闻道：高质量科普的实战方法与技巧》是一本每位科普工作者都不应错过的图书。

作者在书中不仅系统地梳理了科学传播的基本概念，包括其历史背景和一些关键的命题逻辑，还巧妙地融入了幽默元素，使阅读过程既轻松又富有教育意义。

更难能可贵的是，书中引用了众多著名科学著作的观点和历史沿革，为缺乏长期科学传播经验的读者提供了宝贵的知识资源和灵感。

特别是在当前科普面临众多挑战的前提下，这本书提供了关于如何处理争议性话题的宝贵经验，帮助科普作者在建立公众信任的同时，保持信息的准确性和深度。

    无论是科学媒体机构的专业人士，还是独立进行科普的作者，都将从中获得系统的学习和深刻的启发。对于经验丰富的科普作者来说，阅读本书也是一次回归本源、审视自身的绝佳机会。

北京营养师协会理事，微博 2024 十大影响力医疗大 V

    科研有迹可依，科普也应该有章可循。如何把自然科学研究成果更加容易地转化成通俗易懂的科普呈现，这需要研究。这是关于科普的科普，这本书以通俗易懂的语言告知科普从业者如何做好科普。

中国物理学会科普委员会主任

    大鹏老师的这本书，讲述的是科普工作的最底层逻辑。科普这件事，说起来简单，做起来难。因为科普不仅仅是科学家把自己的科研工作复述一遍而已。科普本身就是一些超越科学研究之外的，面对现实公众的，兼具科学与文艺的，充满了激情、理念和专业技术的"瓷器活儿"。要干"瓷器活儿"，必备"金刚钻儿"。感谢这本书送来的科普底层"金刚钻儿"。

科普作家

科学事业突飞猛进，科普活动不断深化，如何做科学的高质量的科普，本书给出了答案。

当我打开这本书时，就如同遇见一位科普取经路上的知音，字里行间透着科普知识的交流、科普方法的切磋、科学价值观的共鸣，想问的问题、想用的方法、想要的答案都藏在书页里。作者对科学发展的敬畏之心、对科普现状的清醒认知、对科普工作的深厚感情跃然纸上，不知不觉不着痕迹地将不是小儿科的科普做成了全科科普。

如果你想从事、或正在从事科普工作，亦或是想探寻科普的奥秘，那么此书在手，就像握了把开启智慧科普宝库的钥匙，打开书你能了解科普理论发展史，掌握科普实践方法和技巧，发现科普的祛魅醒世、经世致用、传世相继的价值。多看几遍，你会知道怎样做能帮助公众理解科学、引导公众欣赏科学、促进公众支持科学；怎样的科普才是科学的高质量科普。

科普任重道远，但幸好，有这样的作者一路同行！

2023"典赞"科普中国年度十大科普人物
中国卫星气象领域科学传播专家

要从事科普的工作，需要知其然。科普是什么？大鹏在他的这本书里给我们展开了一幅画卷，让我们了解到科普虽然并不久长但是一直快速变化的历史。

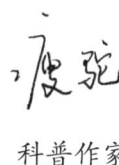

科普作家

　　在科普的广袤天地中，如何将深奥的科学知识以通俗易懂且引人入胜的方式传递给大众，一直是众多科普工作者探索的课题。这本即将呈现在您面前的书，无疑是这一领域的有益探索，它深入剖析了科普的技巧与方法，为我们徐徐展开科普领域的崭新视野与新的路径。

中国社会科学院新闻与传播研究所视听研究室主任、研究员

　　王大鹏并不是传统意义上的科普工作者，他更像是一个为科普工作者呐喊加油的人。他的工作让更多的人了解和支持科学普及的工作，这对于培养更多的科学事业的接班人尤其重要。这本书也是他对科普工作的理解，也希望更多的读者能参与到科普工作中来。

中国航天科普大使

　　我是做了一点科普工作的科研工作者，深知科普并不比科研工作容易。本书用做科研的态度分析应该怎么做科普，我不仅受益匪浅，而且对书中很多论述深感认同，简直可说作者是"嘴替"。在此郑重推荐，希望能为大家如何做好科普提供导航和帮助。

中国科学院古脊椎动物与古人类研究所研究员

图书在版编目（ＣＩＰ）数据

问道与闻道：高质量科普的实战方法与技巧 / 王大鹏著. -- 长沙 ： 湖南科学技术出版
社，2025. 2.--ISBN 978-7-5710-3178-7

Ⅰ. R72

中国国家版本馆 CIP 数据核字第 2024BP7950 号

WENDAO YU WENDAO: GAOZHILIANG KEPU DE SHIZHAN FANGFA YU JIQIAO

问道与闻道 ： 高质量科普的实战方法与技巧

著　　者：王大鹏

出 版 人：潘晓山

责任编辑：王　斌　邹　莉

出版发行：湖南科学技术出版社

社　　址：长沙市开福区芙蓉中路一段 416 号泊富商业广场

网　　址：http://www.hnstp.com

湖南科学技术出版社天猫旗舰店网址：

　　　　　http://hnkjcbs.tmall.com

印　　刷：湖南省众鑫印务有限公司

　　　　　（印装质量问题请直接与本厂联系）

厂　　址：湖南省长沙市长沙县榔梨街道梨江大道 20 号

邮　　编：410100

版　　次：2025 年 2 月第 1 版

印　　次：2025 年 2 月第 1 次印刷

开　　本：710 mm×1000 mm　1/16

印　　张：15

字　　数：193 千字

书　　号：ISBN 978-7-5710-3178-7

定　　价：68.00 元